新编21世纪高等职业教育精品教材
婴幼儿托育服务与管理系列

婴幼儿心理发展

主　编／姜小燕　张秋冬　保长省
副主编／陆　艳　孙云霞
参　编／（按姓氏笔画排序）
王　倩　申　晨　胡　娟　郭佳玉
彭佳洁　彭　陶　颜贝贝

中国人民大学出版社
·北京·

图书在版编目（CIP）数据

婴幼儿心理发展 / 姜小燕，张秋冬，保长省主编
. -- 北京 : 中国人民大学出版社，2023.4
新编 21 世纪高等职业教育精品教材 . 婴幼儿托育服务
与管理系列
ISBN 978-7-300-31547-8

Ⅰ.①婴… Ⅱ.①姜… ②张… ③保… Ⅲ.①婴幼儿
心理学－高等职业教育－教材 Ⅳ.①B844.12

中国国家版本馆 CIP 数据核字（2023）第 052128 号

新编 21 世纪高等职业教育精品教材 · 婴幼儿托育服务与管理系列
婴幼儿心理发展
主　编　姜小燕　张秋冬　保长省
副主编　陆　艳　孙云霞
参　编　王　倩　申　晨　胡　娟　郭佳玉　彭佳洁　彭　陶　颜贝贝
Yingyou'er Xinli Fazhan

出版发行	中国人民大学出版社		
社　址	北京中关村大街 31 号	邮政编码	100080
电　话	010－62511242（总编室）		010－62511770（质管部）
	010－82501766（邮购部）		010－62514148（门市部）
	010－62515195（发行公司）		010－62515275（盗版举报）
网　址	http://www.crup.com.cn		
经　销	新华书店		
印　刷	北京昌联印刷有限公司		
规　格	787 mm×1092 mm　1/16	版　次	2023 年 4 月第 1 版
印　张	12	印　次	2024 年 6 月第 3 次印刷
字　数	232 000	定　价	38.00 元

前 言

近年来，随着经济社会的快速发展、“三孩”政策的实施，以及国家各项托育政策的密集出台，婴幼儿照护行业受到广泛关注，各种托育机构如雨后春笋般涌现出来。

为了更好地贯彻党的二十大报告中提出的在“幼有所育”上持续用力，提高托育服务质量，托育工作者以及未来的托育工作者——婴幼儿托育服务与管理专业的大学生都亟须具备较强的专业技能。而专业技能的提升和发展又离不开坚实的理论基础，因此，托育工作者必须对婴幼儿心理发展的规律及特点了然于心，从而更好地从事婴幼儿照护工作，促进婴幼儿的健康发展。从这个角度来看，学习“婴幼儿心理发展”就成为重中之重。本书既可以作为高等职业院校婴幼儿托育服务与管理专业的教材，也可以作为托育工作者及婴幼儿家长的学习参考资料。

本书立足于我国托育行业实际情况，结合婴幼儿托育服务与管理专业人才培养目标，具有以下鲜明特点：

1. 融入普通心理学理论知识，奠定认知基础，有利于学习者更好地理解婴幼儿心理学的术语。

2. 融入当前心理学的研究成果，扩展视野，有利于更好地对婴幼儿进行回应性照护。

3. 落实立德树人根本任务，贯彻党的二十大精神，融入素养目标，有利于提升托育工作者的职业道德素养。

4. 结构合理，清晰明了，分章节介绍婴幼儿动作、认知、言语、情绪情感、个性、社会性等领域的知识。

5. 在重点领域提出婴幼儿心理保育对策和建议，便于学习者在工作中解决实际问题。

本书共有七章内容，具体撰写人员分工如下：潍坊护理职业学院姜小燕老师负责第一章第一节、第二节；潍坊护理职业学院颜贝贝老师负责第一章第三节；潍坊护理职业学院申晨老师负责第一章第四节；潍坊护理职业学院张秋冬老师负责第二章第一节、第二节；广州华夏职业学院彭佳洁老师负责第二章第三节、第四节；嘉兴南洋职业技术学院陆艳老师负责第三章第一节、第二节；云南工贸职业技术学院保长省老师负责第三章第三节、第四节；阳泉师范高等专科学校郭佳玉老师负责第四章；宁夏职业技术学院王倩老师负责第五章；神木职业技术学院孙云霞老师、榆林市第六幼儿园胡娟老师负责第六章；应天职业技术学院彭陶老师负责第七章。

希望本书的出版能够更好地助力托育人才的培养，促进托育事业发展。由于托育行业尚在起步阶段，相关的研究成果还较少，本书难免存在很多的不足，敬请读者批评指正，以便将来进行改正和补充。

编者

2023 年 1 月

目 录

第一章　婴幼儿心理发展概述

本章结构图

- 婴幼儿心理发展概述
  - 婴幼儿心理发展的研究对象及研究意义
    - 心理学概述
    - 婴幼儿心理发展的研究对象
    - 婴幼儿心理发展的研究意义
  - 婴幼儿心理发展的影响因素
    - 生理因素
    - 环境因素
    - 婴幼儿主体活动
  - 婴幼儿心理发展的相关理论
    - 成熟势力说
    - 行为主义观点
    - 精神分析理论
    - 认知发展理论
    - 社会文化历史发展理论
    - 关键期理论
  - 婴幼儿心理发展的年龄特征
    - 婴幼儿心理发展的一般特征
    - 婴幼儿各个年龄阶段的心理发展特征

学习目标

知识目标

1. 了解婴幼儿心理发展的研究对象及研究意义。
2. 熟悉婴幼儿心理发展的影响因素、年龄特征。
3. 掌握婴幼儿心理发展的相关理论。

能力目标

1. 学会运用相关理论流派观点解释婴幼儿心理发展。
2. 能够根据婴幼儿心理发展的年龄特征，为婴幼儿提供科学有效的早期教育。

素养目标

1. 关爱、尊重婴幼儿，树立爱婴意识。
2. 尊重婴幼儿心理发展特征和规律，树立科学育儿观。

情景导入

托育机构的老师常常会被问到这样的问题：“老师，您学过心理学，是不是一眼就能知道孩子们心里在想什么？我们在您面前是不是跟透明人一样？”心理学是不是真的有这么神奇呢？让我们一起来探秘吧！

第一节　婴幼儿心理发展的研究对象及研究意义

一、心理学概述

（一）心理现象与心理学

心理现象是个体内在的精神活动和状态，是人类最普遍、最熟悉、最深奥的一种现象。生活中，时刻都有心理现象的发生：我们可以看到绚丽多彩的世界；听到悦耳动听的旋律；品尝酸甜苦辣的食物；思考发生的事情；交流彼此的情感……总之，人在所处的环境中所获得的各种知识、成就，都与人的心理有着紧密的联系。

心理现象通常分为两类：心理过程和个性心理。心理过程是指人的心理活动过程，包括认知过程、情绪情感过程、意志过程。其中，认知过程又包括感觉、知觉、记忆、想象和思维等。个性心理主要包括个性倾向性和个性心理特征。其中，个性倾向性又包括需要、动机、兴趣、信念、自我意识和价值观等；个性心理特征又包括能力、气质和性格等。如图 1－1 所示。

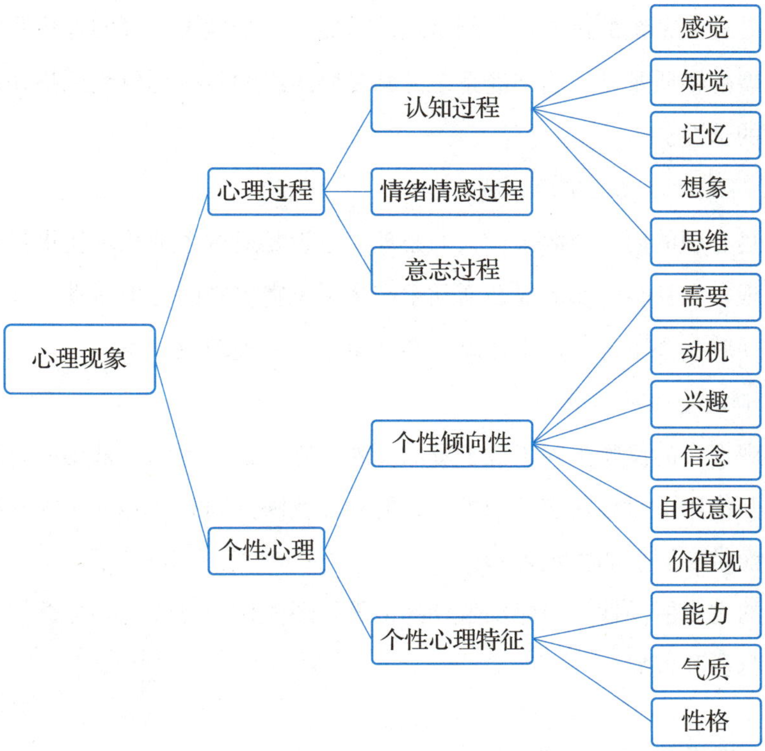

图 1－1　心理现象的结构

心理学（Psychology）是研究人的心理现象及其发生发展规律的科学。它以自己特有的研究对象与其他学科区别开来。心理学既研究动物的心理，也研究人的心理，而以人的心理现象为主要的研究对象，力图揭示人心理的实质。

知识链接

德国心理学家艾宾浩斯曾说：“心理学有一个漫长的过去，但只有一个短暂的历史。”早在两千多年前，人们就已经开始探索自己的心理现象，古希腊的哲学家德谟克利特、柏拉图、亚里士多德等人均对灵魂或心理现象提出过不同的见解。到 1879 年，威廉·冯特在德国莱比锡大学创建了世界上第一个心理学实验室，用实验的手段来研究心理现象，标志着科学心理学诞生，至此，心理学从哲学中脱离出来，成为一门独立的学科。

资料来源：彭聃龄．普通心理学［M］．5 版．北京：北京师范大学出版社，2017.

（二）心理的实质

心理的实质是人脑对客观现实的反映，具体表现在以下三个方面。

1. 心理活动是脑的机能

心理活动是神经系统的机能，特别是脑的机能。一个健康发育的神经系统是各种心理现象发生和发展的物质基础。当神经系统尤其是脑组织的某些部位受到损伤时，心理活动就会出现异常的情况。

2. 心理活动是对客观现实的反映

客观现实是心理的内容与源泉，人的心理、意识是通过大脑从现实世界中获得的。人们在接触自然现实和社会现实的复杂活动中产生了丰富多彩的心理活动，如果脱离了客观现实，心理活动就失去了源泉，个体就不会产生任何心理现象。

3. 心理活动具有主观能动性

个体对客观现实的反映不同于镜子里的反映，它不是简单的、被动的复制，而是在与客观现实的相互作用下对客观现实积极的、能动的反映。同时，心理对客观事物的反映因个体的差异性而带有明显的主观色彩。

个体心理的主观能动性不但能反映外部世界，还能认识自我，并能够支配和调节个体的行为，改造自我和世界。

二、婴幼儿心理发展的研究对象

心理学以人的心理现象为研究对象，婴幼儿心理发展的研究对象即为婴幼儿的心理现象。

本教材所讲的婴幼儿指的是0～3岁的儿童。根据婴幼儿生长发育特点和心理特征，一般将婴幼儿发展阶段划分为婴儿期（0～1岁）和幼儿期（1～3岁），婴儿期又分为新生儿期、婴儿早期、婴儿晚期，如图1－2所示。

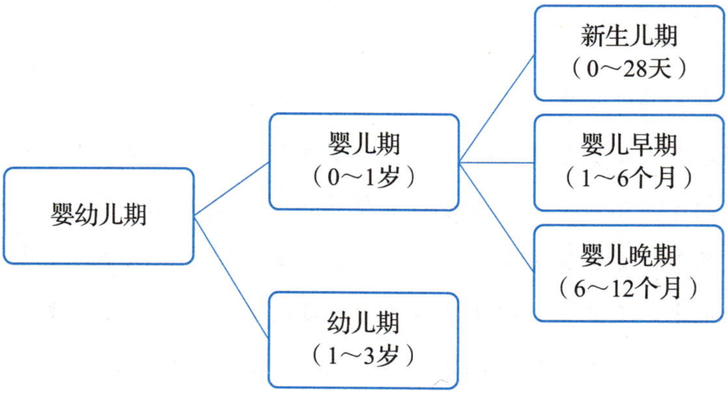

图1－2　婴幼儿发展阶段划分

（一）婴儿期

婴儿是指从出生到满 1 周岁的儿童，也称为乳儿。婴儿期是身心发展的第一个加速期。一般来说，婴儿 1 岁时体重增长至出生时的 3 倍，身长增长至出生时的 1.5 倍，大脑和神经系统也迅速发展。婴儿的心理在外界环境刺激的影响下发生了巨大的变化，开始学习独立行走，能运用语言进行最简单的交际，同时这也是儿童情感发展的关键期，能够为儿童个性健康发展奠定基础。

新生儿是指从出生到生后满 28 天的儿童。新生儿出生后便具有综合感觉运动机能、记忆、适应刺激的学习能力；开始与外界环境发生联系，出现寻乳、防御、抓握、眨眼、吞咽等非条件反射，对外部条件逐渐适应。出生后两周左右，在醒着、舒适时，新生儿会出现自发的整体性动作，并产生明显的条件反射。此时，大脑发育迅速，新生儿脑的重量约占成人脑的 25%。

（二）幼儿期

幼儿是指 1 周岁到 3 周岁的儿童。幼儿期体格生长速度较婴儿期减慢，智能发育加速，3 岁时脑的重量达到成人的 75%左右。幼儿行走动作、手的动作得到发展，接触社会事物增多，语言与表达能力明显发展，能用人称代词，能够自由地运用语言与他人交往，并能通过语言对自己的行为和心理活动进行初步的调节。

婴幼儿心理发展研究主要围绕 0～3 岁婴幼儿的心理发展特点和规律展开。具体来说，包括婴幼儿动作的发展、认知的发展、言语的发展、情绪情感的发展、个性及社会性的发展等方面。

研究婴幼儿的心理活动，掌握婴幼儿心理发展的特点及规律，可以为婴幼儿照护者、教育者开展相关工作提供科学的理论依据。

三、婴幼儿心理发展的研究意义

研究婴幼儿心理发展不仅具有深刻的理论意义，而且具有重要的实践意义。

（一）学习婴幼儿心理发展的理论意义

习近平总书记在党的二十大报告中提到“坚持运用辩证唯物主义和历史唯物主义，才能正确回答时代和实践提出的重大问题”。学习婴幼儿心理发展可以为学习辩证唯物主义哲学和普通心理学提供大量的理论依据。

婴幼儿心理发展体现了辩证唯物主义的各种规律，学习婴幼儿心理发展，有助于进一步理解辩证唯物主义的原理。婴幼儿心理发展使我们进一步认识到，在外界环境作用下，人脑中产生了心理，这有助于理解辩证唯物主义中提到的世界在本质上是物质的，物质第一性、意识第二性的哲学命题；婴幼儿心理发展揭示了婴幼儿认知能力从感觉到思维的全过程，可以充实和进一步论证辩证唯物主义认识论中关于感性认识与理性认识的基本原理。所以，学习和研究婴幼儿心理发展，可以帮助我们形成科学的世界观和人生观。

（二）学习婴幼儿心理发展的实践意义

婴幼儿期是心理发展最为迅速的时期，也是早期教育的黄金时期。心理学家研究发现，从出生到 3 岁是智力发展最快的时期，也是教育的最佳时期。

学习婴幼儿心理发展相关知识，可以使我们更好地聆听婴幼儿内心的声音，贴近他们的世界，从而科学地选择教育内容和活动，正确引导婴幼儿心理发展。

对于家长来说，学习婴幼儿心理发展的知识，可以更加科学地进行家庭教育，增进亲子关系，促进婴幼儿个性发展。对于婴幼儿相关领域的工作者来说，掌握婴幼儿心理发展的特点和规律，可以更好地进行回应性照护，设计并开展恰当的游戏活动，促进婴幼儿的认知、言语、动作、个性和社会性等诸方面的发展。

第二节　婴幼儿心理发展的影响因素

影响婴幼儿心理发展的因素多种多样，归纳起来大致可以分为三个方面：一是生理因素，二是环境因素，三是婴幼儿主体活动。

一、生理因素

生理因素包括遗传素质、先天素质和生理成熟机制。

（一）遗传素质

遗传又称为遗传素质，是指上一代的生物特性传递给下一代的生理现象，如机体的构造和形态、血型、头发、感官和神经系统等方面都可以遗传，其中最主要的是神经系统的解剖特点与机能的遗传。

遗传素质对婴幼儿心理发展的影响主要表现在两个方面。

1. 遗传是婴幼儿心理发展最基本的自然物质前提

人类拥有高度发达的大脑和神经系统，这是人心理活动最基本的物质前提，正常的大脑和神经系统是婴幼儿心理发展的基础。如果没有正常的大脑的存在，正常的心理活动也就无从谈起。所以说遗传因素为婴幼儿心理发展提供了可能性，如果没有遗传素质，就没有心理发展的基础。

2. 遗传奠定了婴幼儿心理发展个体差异的最初基础

个体间存在差异，其遗传素质也各不相同，每个婴幼儿在出生时其心理发展就已经存在不同的可能性，例如有的婴儿出生时容易哭闹，有的婴儿则偏安静。

研究者在对同卵双生子和异卵双生子的智力研究中发现，同卵双生子保持很高的相关性，而异卵双生子与一般兄妹间的智商相关相似，这也说明遗传关系越近，智力发展越相似。

由此可见，遗传素质奠定了人与人之间心理发展个别差异性的最初的物质基础。

（二）先天素质

先天素质是指婴儿出生前在母亲子宫中获得的解剖生理特征。研究表明，母亲的营养、疾病、服用的药物、情绪以及所处的环境等均会对胎儿发育产生重大影响。

1. 营养因素

胎儿的营养供给完全依赖于孕妇，孕妇摄取的食物营养决定着胎儿的成长与发育情况。营养学家们建议准妈妈们在孕早期不需要额外增加热量，正常进餐即可；孕中期每天摄入 300 卡热量，孕晚期每天要额外摄取 450 卡热量。孕妇营养匮乏，容易导致胎儿贫血、肌肉痉挛、甲状腺肿等疾病，如果孕期最后三个月内发生严重营养不良，发生死产、新生儿低体重或夭折的风险会大大增加。相反，当孕妇营养过剩时，胎儿容易成为巨大儿，罹患高血压的概率会增大；如果孕前就有肥胖问题，婴儿发生神经管缺陷的可能性是正常人群的两倍。由此可见，孕妇过胖或过瘦都不利于胎儿的发育。

2. 疾病因素

孕妇如患有某些严重疾病，常常会引起流产、早产或死胎，或导致胎儿患病或出现先天缺陷。例如孕妇在孕期前三个月感染了风疹病毒，可能会导致胎儿失明、失聪、智力残疾、心脏缺陷和其他严重问题，这是胎儿面临的最严重的威胁之一。幸运的是人们已经普遍意识到这种威胁，对女性在童年期通过免疫的办法进行防治。还有一种严重的威胁是艾滋病，患有艾滋病的母亲更容易生下早产儿和低体重儿，而且这些婴儿会面临罹患严重传染性疾病的风险。美国统计数据表明，艾滋病是婴幼儿在出生到 4 岁之间夭折的重要原因。

3. 药物因素

一般情况下，医生都会建议孕妇尽可能不使用不必要的药物，如需要使用药物治疗，必须咨询医生，根据医生的指导安全用药。如果孕妇滥用药物，就会影响血液中的化学成分和细胞的新陈代谢，从而影响胎儿的正常发育。尤其是怀孕早期的几个月，药物对胎儿的不利影响会比较大，特别是抗菌类、抗恶心药物和镇静类药物等在孕期前三个月影响最大，容易导致胎儿畸形。

4. 情绪因素

糟糕的情绪或者身体的应激与不良的孕产结局之间存在相关性。已有研究表明，孕妇在进行认知测试时，显示应激会导致胎儿活动、心率和其他反应的短期变化，虽然目前这些改变是否会影响胎儿的发育还是未知数，但有一个相当一致的研究结果是患有抑郁症的母亲的胎儿生长发育更慢。因此，发育心理学家提出，对孕期中遭受重大精神创伤的母亲要及时提供支持和咨询，这将有助于母婴双方的健康。

5. 环境因素

对胎儿产生不良影响的环境因素主要包括：环境中放射线的影响、不良嗜好的影响、环境污染（如烟尘和噪声污染）。孕妇接触到有害物质，或者过量暴露在各种射线中，可能会损害遗传基因，导致胎儿畸形或者出生后出现心理问题。

（三）生理成熟机制

生理成熟是指机体生长发育的程度或水平。婴幼儿身心发展，都是按照特定的顺序有规则、有次序地进行的。对于婴幼儿来说，成熟是推动发展的重要动力。没有足够的成熟，就没有真正的发展。脱离了成熟的条件，学习本身并不能推动发展。只有在生理结构和机能达到一定成熟水平时，适时适当给予刺激和指导，才能使相应的心理活动有效地出现或发展。

二、环境因素

影响婴幼儿心理发展的环境因素包括自然环境和社会环境。自然环境为个体生存提供所需要的物质条件，例如阳光、水、空气等；社会环境是指社会生活条件，例如社会生产发展水平、社会制度、家庭状况、社会氛围、受教育状况等。环境因素对婴幼儿心理发展的影响，主要是指社会生活条件对婴幼儿心理发展的影响。

在不同社会生活条件的影响下，婴幼儿的心理发展会呈现出不同的结果。例如家庭中父母的个性、行为模式、教养方式等，托育机构中照护者的教育观点、同伴间的交往与互动等，外界环境中父母的工作与交友、生活所在地、社区服务等，宏观环境中的时代大背景、国家教育政策、社会传媒等，以上因素均会对婴幼儿心理发展产生重要的影响。

知识链接

布朗芬布伦纳的生态系统理论

尤瑞·布朗芬布伦纳（Urie Bronfenbrenner，1917—2005），人类发展生态系统理论的创始人。1979 年他出版了《人类发展生态学》一书，提出了著名的人类发展生态学理论，指出环境对个体行为心理发展有着重要的影响。布朗芬布伦纳在他的理论模型中将人生活的环境以及与环境的交互作用称为“行为系统”，并把系统由小到大分为四个层次：微观系统、中间系统、外层系统、宏观系统。微观系统是指个体活动和交往的直接环境，是面对面水平上的交流系统。对于婴幼儿来说，其所处的微观系统主要是家庭、托育机构。中间系统是指各个微观系统之间的联系或相互关系。中间系统能够调节各个微观系统，让婴幼儿各个角色和谐发展。外层系统是指两个或更多的环境之间的连接与关系，是婴幼儿未直接参与但又对其产生影响的系统。宏观系统是指与个人有关的所有微观系统、中间系统及外层系统的交互作用关系，是一种特殊文化、亚文化或其他更广阔的社会环境的社会蓝图，实际上是一个范围广阔的意识形态。它规定如何对待儿童、教给儿童什么，以及儿童应该努力的目标。

人，既是自然人也是社会人。前面提到的遗传素质、先天素质、生理成熟等生理性因素为婴幼儿心理发展提供了可能，而社会环境则对心理发展的实际水平起到决定性作用。具体表现在以下两方面。

（一）社会环境使遗传所提供的心理发展的可能性变为现实

遗传只提供了心理发展的可能性，但如果个体不生活在社会环境中，这种可能性也不会实现。

（二）社会环境制约着个体心理发展的水平和方向

从宏观角度讲，社会环境包括国家制度、社会关系、经济发展水平等。例如，在经济发达地区与经济落后地区，婴幼儿所享受的教育资源是不均衡的，从而影响婴幼儿心理发展水平。从微观角度讲，社会环境包括婴幼儿的家庭、托育机构。例如，在家庭中，家庭氛围、经济状况、家长教养方式、家庭成员的完整性与参与度等都会对婴幼儿的心理产生重要的影响；在托育机构中，托育照护者、机构开展的活动均会对婴幼儿的心理产生不同的影响。

除此之外，手机、平板电脑、电视等电子设备已经走进婴幼儿的生活。不可否认，使用电子设备，在一定程度上会促进婴幼儿认知、语言能力的发展。但我们不鼓励 3 岁以下的婴幼儿频繁接触电子设备，因为除了会对视力产生不可逆转的影响外，过多地使用电子设备还会减少婴幼儿其他形式活动的时间，同时其内容良莠不齐，一些不适宜的内容可能会引起孩子的模仿，从而影响其心理发展水平。

知识链接

早期隔离实验

早期隔离实验是研究环境对心理发展的影响的方法之一，具体来说是使幼小动物失去或部分失去正常的生活环境，然后比较正常与非正常环境下长大的动物的行为差异，从而发现环境对行为发展的影响。其中，美国心理学家哈洛关于恒河猴行为发展的研究产生了很大的影响。

哈洛发现，在实验室中孤独长大的猴子（失去母爱）和野生猴子（有母亲和伙伴）的行为有很大不同。实验室中长大的猴子常常呆呆地坐着，两眼直视，在陌生人接近时，不会像野生猴子那样对陌生人做出恐吓或攻击行为，而只是自己打自己，甚至撕咬自己，社交行为的发展受到极大损害。

三、婴幼儿主体活动

婴幼儿的心理发展离不开活动，活动是婴幼儿心理发展的必要条件。婴幼儿的主体活动主要包括两个方面：一是对物品的操作，二是与人的交往活动。

婴幼儿通过与物品的接触，一方面可以认识物品的颜色、形状、大小、质地、功能等特性，从而不断发展认知能力；另一方面可以体会到人对事物的态度，从而促进心理过程的发展。婴幼儿在与人的交往活动中，促进个体社会性的发展，逐步形成自己的个性。

由此可见，活动是促进婴幼儿心理发展的有效途径，尤其是婴幼儿的游戏活动，对婴幼儿心理发展具有极为重要的意义。正如教育家夸美纽斯所说：“游戏是发展多种才能的智力活动，是扩大和丰富儿童观念的有效手段。”

第三节　婴幼儿心理发展的相关理论

婴幼儿心理发展理论百花齐放、百家争鸣，推动了婴幼儿早期教育的发展。在理论学习中，我们要放眼世界，深刻洞察人类发展进步潮流，以海纳百川的宽阔胸襟借鉴吸收人类一切优秀文明成果，不断推动托育事业的发展。

一、成熟势力说

提出者：格塞尔（Arnold Lucius Gesell），美国心理学家。

理论要点：个体的心理发展都是按照基因规定的顺序有规则、有次序地进行的，个体的心理发展受到成熟和学习的双重影响。其中，推动儿童发展的主要动力是成熟，没有足够的成熟，就没有真正的变化。学习是个体发展的促成条件，脱离了成熟这一本质因素，学习本身并不能推动发展。

成熟势力说的这一经典论断，来自格塞尔著名的双生子爬梯实验。

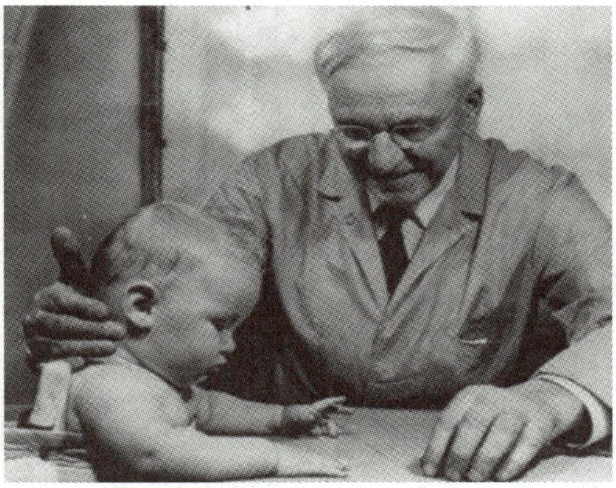

格塞尔观察儿童行为

知识链接

双生子爬梯实验

1929 年，格塞尔选择了一对同卵双生子进行实验研究，双生子在身高、体重、健康状况以及发展水平方面都非常相近。在双生子出生后的第 48 周，只对哥哥 T 每天进行 15 分钟的爬梯训练，经过了 6 周，即在第 54 周的时候哥哥 T 终于能够自己独立爬楼梯了。弟弟 C 一直等到第 52 周时才开始练习爬梯，训练仅仅持续了 2 周，到了第 54 周时，弟弟竟比哥哥T爬得更快更稳。也就是说，当C达到能够学习爬楼梯的成熟水平时，只要对他进行少量训练，C就能达到训练了很长时间的T的熟练水平。为了验证这不是偶然现象，格塞尔又进行了上百次的对比实验，实验结果均体现出一致性。

基于实验的结果，格塞尔认为成熟之前的学习和训练难有显著的效果，而一旦在生理上有了完成某种动作的准备，训练就能起到事半功倍的效果。因此，格塞尔断言，儿童的发展取决于生理的成熟，成熟是推动儿童发展的主要动力。

资料来源：韩明，卢忠凤，王强强．从格塞尔双生子爬梯实验谈早期教育［J］. 大众心理学，2016（9）：34，48.

二、行为主义观点

提出者：约翰·华生（John B. Watson），美国心理学家，行为主义心理学创始人。

理论要点：强调环境是影响儿童行为和发展的重要因素，儿童的行为和发展具有可塑性和可控制性。

（一）华生的条件反射理论

华生在巴甫洛夫条件反射学说的基础上，主张心理学应摒弃意识、意向等主观的东西，研究外显的、有规律的、可控的行为。华生认为行为反应就是通过条件反射建立刺激（S）—反应（R）的联结，即人的行为由外界刺激决定。

1. 环境决定论

华生关于环境决定儿童心理发展的观点，主要体现在三个方面：一是否认遗传的作用，认为行为发生的过程是刺激—反应。二是认为教育和环境是行为发展的唯一条件，并且提出了一个经典的论断，即“给我一打健全的儿童，一个由我支配的特定环境，我可以保证，无论这些儿童父母的才能、爱好、倾向、能力和种族如何，我都可以把他们培养成为任何人——医生、律师、美术家、成功商人，抑或是乞丐、盗贼”。三是学习是刺激与反应的联结形成的过程，有机体接受外界的刺激，然后做出相应的反应，因此儿童是被动的个体，其成长由所处的环境决定。

2. 情绪发展理论

华生提出个体具有三种非习得的情绪反应：惧、怒、爱。华生认为儿童长大后所具有的多种复杂的情绪都是在这三种情绪的基础上形成的条件反射。

华生的行为主义理论为儿童教育提供了丰富的理论基础，他重视儿童早期教育，提倡在教育中培养儿童的各种习惯，正确利用心理发展理论塑造儿童行为，对儿童的发展具有积极意义。但他过分夸大环境和教育的决定性作用，否认遗传因素的潜在影响，否定儿童的主动性、能动性和创造性。

（二）斯金纳的操作性条件反射理论

斯金纳（B. F. Skinner），美国行为主义心理学家，新行为主义的代表人物之一，操作性条件反射理论的奠基者。他通过经典实验——“斯金纳箱”建立了操作性条件反射理论，认为人类行为的习得可用操作性条件反射及强化原理来解释。

斯金纳强调塑造、强化和消退、及时强化等原则。他认为强化是塑造儿童良好行为的关键因素，成人可以通过掌握强化原则控制儿童某种行为的增加或减少，从而使儿童出现所期望的亲社会行为。同时，强化对儿童的发展具有重要的指导意义，行为若不被强化则会消退。该理论还提出强化要及时，因此，教育者要及时强化希望在儿童身上看到的行为。例如，当儿童帮助了别人时，及时对其进行夸奖和鼓励，借此强化儿童的这种利好行为，这样儿童才会乐于助人。

（三）班杜拉的社会学习理论

班杜拉，美国行为主义心理学家，新行为主义的代表人物之一，社会学习理论的创始人。社会学习理论包括观察学习、替代性强化和自我强化、三元交互决定论等概念。

1. 观察学习

观察学习也称为替代学习、无尝试学习，指儿童通过观察他人（榜样）的行为以及行为带来的结果而进行的间接学习。以往行为主义的焦点集中于儿童直接经验的获得和强化上，而班杜拉认为，儿童依靠直接经验获得的行为也可以通过观察来间接获得，即在观察学习中，学习者不必直接做出行为反应，也无须亲身得到强化，强化可以通过榜样的替代反应和替代强化来进行。

班杜拉关于观察学习的观点，来源于儿童模仿攻击充气娃娃的实验。

知识链接

儿童模仿攻击充气娃娃实验

班杜拉将儿童分为三组，让这三组儿童分别观看视频中成年男子对充气娃娃的攻击行为。视频结束后，让第一组儿童看到成年男子被表扬的过程，让第二组儿童看到成年男子受批评的过程，让第三组儿童看到成年男子的行为既不受奖励也不受惩罚。最后，班杜拉把三组儿童都置于同样的环境中，即视频中的房间，房间内有成年男子攻击过的充气娃娃。实验结果发现，看到成年男子被表扬组的儿童攻击行为最多，看到成年男子受批评组的儿童攻击行为最少，看到成年男子的行为既不受奖励也不受惩罚组的儿童攻击行为居中。这说明儿童在观察视频的过程中学会了模仿，并且这种模仿是基于儿童对行为结果进行的评估。

资料来源：佚名．班杜拉的观察学习理论［EB/OL］．（2018－10－16）［2023－01－20］．中公教育．

班杜拉认为这种观察学习由四个相互联系的子过程构成：注意、保持、运动再现和动机。

（1）注意过程：是观察学习的起始环节，儿童注意和观察榜样行为的整个过程。

（2）保持过程：儿童在注意过程中获得榜样示范行为及其后果，并采用言语和形象两种形式将所观察到的信息内化，以长时记忆储存。

（3）运动再现过程：儿童基于记忆内容，再现榜样示范行为的过程。

（4）动机过程：儿童是否再现榜样示范行为取决于行为是否可以得到强化，强化包括外部强化、替代性强化和自我强化。

2. 替代性强化和自我强化

替代性强化是指观察者看到榜样或他人的行为受到强化，自己也倾向于做出榜样的行为。自我强化是指儿童达到了某种目标或标准时，能够在自我评价的基础上加强或减弱其行为表现。

3. 三元交互决定论

班杜拉认为行为、人、环境三个方面的因素是相互连接、相互作用的，共同对人的行为产生影响（见图 1－3）。这一理论把人的社会行为看作是在个体与环境相互作用的社会化进程中形成和发展的。婴幼儿的行为与其周围的环境以及婴幼儿自身认知的发展密切相关，因此在婴幼儿教育中环境陶冶和认知因素的作用至关重要。

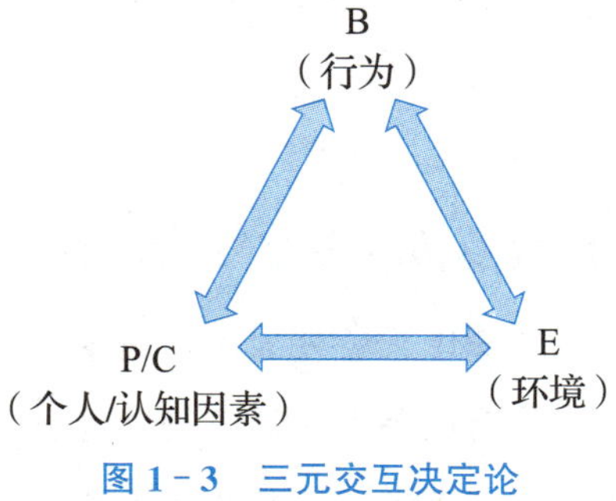

图 1－3　三元交互决定论

班杜拉的社会学习理论引起了人们对社会教育的普遍思考，观察学习是婴幼儿社会行为学习的一种常见方式，人们要重新审视榜样示范在婴幼儿社会教育中的重要意义，家长、托班教师以及同伴是婴幼儿行为学习的主要来源，因此不能忽视这三者的榜样示范作用。

三、精神分析理论

提出者：弗洛伊德（Sigmund Freud），奥地利心理学家，精神分析学派创始人。

理论要点：强调探索人的动机和行为的根源，尤其重视婴幼儿时期的经验对成人后心理发展产生的影响。

精神分析理论在儿童心理发展方面的代表性人物是弗洛伊德和埃里克森。

（一）弗洛伊德的儿童发展理论

弗洛伊德认为，被压抑于心灵深处的欲望和动机构成了人的潜意识，这是人类一切活动的根本动机。在此基础上，他提出了人的意识层次理论、人格结构理论和性心理发展阶段理论。

1. 意识层次理论

弗洛伊德认为，人的心理分为意识、前意识（下意识）和潜意识（无意识）三个层次，人的活动会在这三种不同的意识层次里发生和进行（见图 1－4）。意识是能够直接感知到的心理活动。前意识又称为下意识，介于意识和潜意识之间，是一种在某些情况下可以被召唤到清醒意识中的心理要素。潜意识又称为无意识，是个人不可能察觉的心理现象，是人类心理活动的原动力所在，它包括那些不符合社会道德规范或者个人生活准则的原始欲望、早期被压抑的欲望、被压抑的童年经历与事件等。但正是这些从深层支配着人的心理现象，对个人的思想和行为影响极大。

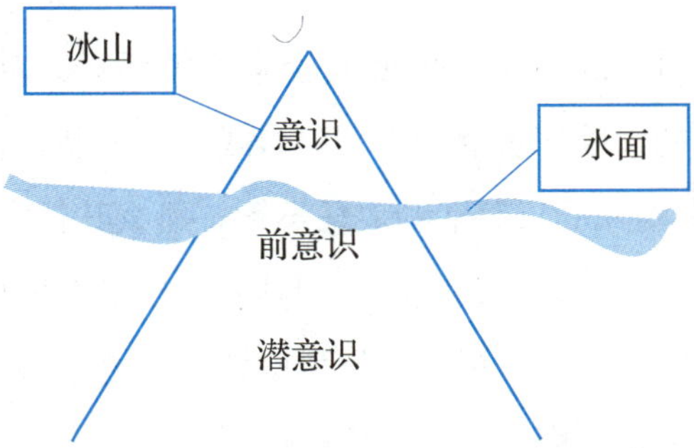

图 1－4　弗洛伊德的意识层次理论

2. 人格结构理论

弗洛伊德将人格结构划分为本我、自我和超我。本我位于人格结构的核心，是人的心理经验中最原始的部分，包含生存所需的基本欲望、冲动和生命力，遵循“快乐原则”。

在人的心理发展过程中，年龄越小，本我所占的比重越大，婴幼儿时期几乎全部处于本我状态。例如，婴幼儿以自我为中心，以生存为基本需求，看到想要的东西就要得到，得不到就会崩溃、焦虑、哭泣等。

自我是从本我的基础上发展而来的，产生于婴幼儿与外界现实的相互作用，包括理性和机智。自我遵循的是“现实原则”，是本我、超我和现实世界的协调者，一方面满足本我的需要，另一方面又制止违反社会规范、道德法则和法律的行为。

超我是在自我的基础上发展起来的，是人格结构中的最高层次和最理想、最文明的部分，它是个体在成长过程中将道德规范、道德观念等内化的结果，其作用主要在于监督、批判及管束个体的行为，追求完美。超我遵循的是“理想原则”，它的主要功能是依据至善至美的标准指导自我、限制本我，以达到理想自我的状态。

人格结构中的本我、自我和超我三者相互调节、和谐运作，就会形成一个发展正常、适应良好的人，三者若失去平衡，或长期发生冲突，就会导致个体适应困难，甚至演变为心理异常。

3. 性心理发展阶段理论

弗洛伊德认为存在于潜意识中的性本能是人的行为的唯一重要动力，他把这种本能的冲动称为“力比多”，比如婴幼儿吮吸、排泄、蹬腿产生的快感等。弗洛伊德认为，性的能力集中于身体的某些器官或部位，这些部位称为性感区，而随着婴幼儿年龄的增长，“力比多”存在的部位发生着有规律的变化。据此，弗洛伊德把儿童心理性欲的发展分为以下五个阶段：口唇期（0～1 岁）、肛门期（1～3 岁）、性器期（3～6 岁）、潜伏期（6～11 岁）和生殖期（11 岁以上）。0～3 岁婴幼儿涉及口唇期和肛门期。

（1）口唇期。

在口唇期，婴幼儿通过口腔咀嚼、吮吸或咬东西等活动来获得快感与原始欲望的满足。如果这个时期婴幼儿的口腔探索活动受到阻碍或不加节制，将造成成年后的“口腔性格者”。例如，若母亲对婴幼儿的口腔活动放任不管，那么其长大后的性格将倾向于开放、慷慨及乐观；若婴幼儿的口腔活动受到限制，则其未来性格发展可能倾向于悲观、依赖和退缩。同时，弗洛伊德认为，每个人都会经历口唇期，寻求口唇快感会一直持续到成人阶段，贪吃、咬指甲、抽烟或饮酒都是口腔性格的体现。

（2）肛门期。

此时婴幼儿主要通过排泄时产生的轻松与快感来体验操纵与控制的快感。此阶段是培养婴幼儿良好卫生习惯的重要时机。如果父母干预过多，也会给其将来的成长带来负面影响，造成“肛门性格”，比如冷酷无情、刚愎自用等。

弗洛伊德的儿童发展阶段理论对促进婴幼儿心理健康发展具有积极的启示意义，它强调早期经验在人格形成中的重要性，告诉成人要为婴幼儿的成长提供良好的生活环境、和谐的家庭氛围，为婴幼儿形成良好的人格特质打下基础。

（二）埃里克森的社会心理发展理论

埃里克森（Erik H. Erikson），美国发展心理学家和精神分析学家，新精神分析学派的代表人物。他提出个体心理发展要经历八个发展阶段，每个阶段都有一种特殊的社会矛盾，其中，童年阶段有五种矛盾，成年阶段有三种矛盾，矛盾得以顺利解决有助于人格的健康发展。我们在此着重讨论童年时期的前两种矛盾。

1. 0～1.5 岁：信任-怀疑

本阶段的心理冲突是信任对怀疑，发展心理信任感，克服不信任感，获得希望的品质。婴幼儿在基本生理需要得到满足时感受到了安全，就会对周围的人、环境产生基本的信任感；反之，则会对周围的人及环境产生害怕、怀疑等不信任感，并会影响到下一个阶段的发展。

2. 1.5～3 岁：自主-羞愧

本阶段的心理冲突是自主对羞愧，儿童开始有独立自主的要求，在自由探索世界的过程中获得自主感。此时婴幼儿掌握了走路、说话、穿衣、吃饭等技能，产生了“自主性”意识，在这一阶段，父母若允许婴幼儿独立地做一些力所能及的事情，并给予及时、恰当的鼓励，就会发展婴幼儿的意志力和自主感，否则就会产生羞怯和怀疑。

埃里克森的人格发展阶段理论中关于婴幼儿时期的阐述对早期教育有着重要的指导意义。对于婴幼儿的基本生理需求，成人要给以及时、适当的回应。对于婴幼儿主动探索的意识和行为，成人要允许并加以鼓励。由此，婴幼儿便可以顺利地度过每一个成长阶段，形成良好的意志品质。

四、认知发展理论

提出者：皮亚杰（Jean Piaget），瑞士发展心理学家，发生认识论创始人。

理论要点：认知的本质就是适应，即儿童的认知在已有图式的基础上，通过同化、顺应和平衡，不断从低级向高级发展。

（一）认知发展观

发展是不断建构的过程，是个体在与环境不断的相互作用中实现的。最初的图式来源于原始的反射动作，如抓握反射、吸吮反射等，之后婴幼儿在探索周围世界的过程中逐渐发展和形成自己独特的认知结构——“图式”。儿童的认知是外部刺激与已有图式相互作用的过程，是通过同化、顺应和平衡实现的。所谓同化，是指个体将环境因素纳入已有的图式之中，以加强和丰富主体的动作。例如，婴幼儿看到妈妈用水杯喝水，也学着用水杯喝水。所谓顺应，是指个体改变自己的动作以适应客观变化。婴幼儿在这种不断更新和改变已有认知结构的过程中，通过同化和顺应达到机体和环境的平衡。

（二）儿童认知发展的阶段

根据儿童建构形成的认知结构的性质，皮亚杰将儿童认知发展分为以下四个阶段：感知运动阶段（0～2 岁）、前运算阶段（2～7 岁）、具体运算阶段（7～11 岁）和形式运算阶段（11～15 岁）。婴幼儿的认知发展主要体现在前两个阶段。

1. 感知运动阶段（0～2 岁）

这一阶段是思维的萌芽期，是儿童认知发展的基础。在这一阶段，儿童主要是通过感知觉和动作来探索、认识世界。语言和表象尚未完全形成，智力活动处于感知运动水平。

2. 前运算阶段（2～7 岁）

这一阶段儿童的表征或符号活动剧增，能够初步运用符号描述外部世界，通过直观动作和表象进行思维，思维方式具有直觉性和自我中心的特点。

在皮亚杰的认知发展阶段理论中，0～3 岁的婴幼儿主要处于感知运动阶段，并向前运算阶段发展。婴幼儿在感知运动阶段通过感知觉和动作经验来体验世界。此理论给早期教育带来许多启示：教育中要注意发挥婴幼儿主体的主动性和自觉能动性；由于认知发展存在个体差异，教育活动要注意因材施教；要循序渐进地开展教育活动。

五、社会文化历史发展理论

提出者：维果茨基（Lev Vygotsky），苏联心理学家，社会文化历史学派的创始人。

理论要点：认为社会文化因素在人类认知功能的发展中发挥着核心作用，强调社会交互作用对认知发展的影响。主张儿童是积极主动地探索世界的，儿童的高级心理机能是在与周围成人或年长同伴的交往过程中习得和发展起来的，受人类文化历史的制约。

（一）心理发展观

维果茨基认为，心理发展是指个体的心理在环境与教育的影响下，由低级心理机能逐渐向高级心理机能转化的过程。低级心理机能是个体早期以直接的方式与外界相互作用时表现出来的特征。高级心理机能是历史发展的结果，它是以符号系统为中介的心理机能，也是人类心理区别于动物的本质所在。

（二）最近发展区理论

“最近发展区”是指儿童独立解决问题的实际发展水平与在成人指导下或在与有能力的同伴的合作中解决问题的潜在发展水平之间的差距。该理论认为儿童的发展有两种水平：一种是儿童的现有水平，是儿童在独立活动时所能达到的解决问题的水平；另一种是儿童可能的发展水平，是儿童通过教学或他人的帮助所获得的潜力。两者之间的差距就是最近发展区（见图 1－5）。

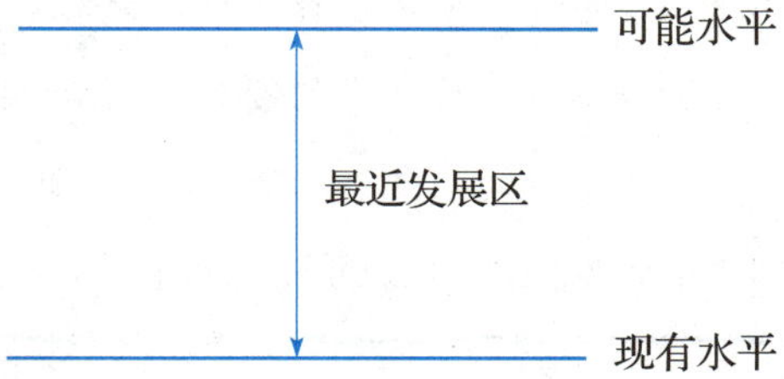

图 1－5　最近发展区

儿童的认知发展更多地依赖于周围人们的帮助，儿童的思想、态度、价值观等都是在与他人的交往中发展起来的。基于最近发展区理论，教学活动要着眼于儿童的最近发展区，为儿童提供有难度的内容，调动其积极性，充分发挥其潜能。

六、关键期理论

提出者：蒙台梭利（Maria Montessori），意大利儿童教育家。

理论要点：关键期，是指特定能力和行为发展的最佳时期。在这一时期，儿童对某种事物或活动会特别敏感或产生一种特殊的兴趣和爱好，学起来特别容易而迅速，是教育的最好时机，也称为敏感期。

敏感期是婴幼儿所特有的时期，某种心理机能会在相应时期内出现、消失。如果婴幼儿在敏感期的需求受到限制或阻碍而无法正常发展，会造成难以弥补的损失，因此要正确识别婴幼儿的敏感期，在尊重孩子的前提下观察孩子，了解和满足孩子的合理需求，鼓励和协助孩子的探索活动。

知识链接

敏感期

蒙台梭利提出，儿童有九大敏感期。其中，与 0～3 岁这一阶段有关的有以下六个：

（1）语言敏感期（0～6 岁）。婴幼儿出生后，开始进入语言敏感期。

（2）秩序敏感期（2～4 岁）。2～4 岁婴幼儿进入对秩序极端敏感的一个非常重要的时期。婴幼儿需要一个有秩序的环境来帮助他认识事物、熟悉环境。

（3）感官敏感期（0～6 岁）。婴幼儿从出生起，通过听觉、视觉、味觉、触觉、嗅觉等感官多通道感知周围的事物，适应环境。

（4）细微事物的敏感期（1.5～4 岁）。婴幼儿会表现出对细节的敏感，能捕捉到周围环境中微小事物的奥秘。

（5）动作敏感期（0～6 岁）。婴幼儿肢体动作正确、熟练，并保持左右脑均衡发展。

（6）社会规范敏感期（2.5～6 岁）。两岁半的婴幼儿逐渐脱离自我中心，开始结交朋友，参与群体活动。

资料来源：佚名．蒙台梭利“九大敏感期”[EB/OL].（2021-09-15）[2023-01-20]. 百度文库.

第四节　婴幼儿心理发展的年龄特征

在不同的年龄阶段，婴幼儿的心理表现也各不相同。婴幼儿心理发展年龄特征是指婴幼儿在各个年龄阶段所形成和表现出来的一般的、典型的和本质的心理特征。婴幼儿心理发展的年龄特征具有稳定性与可变性。稳定性是指每个阶段婴幼儿所表现出来的典型特征都是共同的、普遍的；可变性是指不同的社会环境和教育条件会使婴幼儿心理发展的特征有所变化。总而言之，婴幼儿心理发展的年龄特征是稳定性与可变性的辩证统一。

一、婴幼儿心理发展的一般特征

（1）心理随着年龄增长而逐渐发展。

（2）认识活动以具体形象性为主，初步开始向抽象逻辑性发展。

（3）心理活动以无意性为主，初步开始向有意性发展。

（4）情感由易变、外露开始向稳定、有意控制发展。

（5）个性开始形成，向稳定倾向性发展。

（6）社会性不断完善。

二、婴幼儿各个年龄阶段的心理发展特征

（一）婴儿期的心理发展特征（0～1岁）

1. 新生儿期（0～28天）

新生儿由安全舒适的胎内环境来到变化无常、充满刺激的全新的胎外环境，首先就要适应新环境，进行维持生命的活动。

（1）心理发生的基础：本能动作（无条件反射）。

无条件反射是指与生俱来的、不学而会的反射。常见的无条件反射包括吸吮反射、觅食反射、击剑反射、抓握反射、踏步反射、游泳反射、惊跳反射等，这些反射都是新生儿的本能，也与维持新生儿的生命有关。

（2）心理的发生：条件反射的出现。

条件反射是指在一定条件下，外界刺激与有机体反应之间建立起来的暂时性神经联系，是后天形成的。新生儿出生后不久，就能够建立条件反射。条件反射的出现，使新生儿获得了维持生命、适应新生命需要的新机制。例如，当妈妈把宝宝抱成喂奶的姿势时，宝宝会做出吸吮的反应。

（3）认知能力开始发展。

新生儿出生后开始对世界进行认知，主要表现在视觉和听觉等感觉能力的发展上。

（4）人际交往的开端。

人际交往需要是人类所特有的需要，新生儿从出生时就开始表现出这种需要，他们主要是通过情绪和表情来表达。

2. 婴儿早期（1～6个月）

这个阶段，婴儿的心理发展依然非常迅速，突出表现为婴儿在视觉、听觉继续发展的基础上，会依靠定向活动认识世界，手眼动作逐渐协调，喜欢主动与人交往，能逐渐区分熟人和陌生人。

（1）视觉和听觉迅速发展。

这个阶段，婴儿主要通过视觉、听觉认识客观世界。满月以后，婴儿的眼睛更加灵活，其视线会追随物体移动，主动地寻找视听的目标；会积极地用眼睛寻找成人，主动地寻找成人手里摇动着的玩具。2～3个月以后，婴儿对声音的反应更加积极，能够用转身或转头的动作寻找声源的方向；4个月以后的婴儿能够集中精力听音乐，能够区分出爸爸和妈妈的声音。此时，因其动作刚刚开始发展，通过动作对客观世界的认识远远没有看到

的和听到的丰富。

（2）手眼协调动作开始发生。

手眼协调动作是指眼睛的视线和手的动作能够相互配合，手的运动和眼球的运动协调一致，即能够抓住所看见的东西。此年龄段的婴儿初步出现了手眼协调摆弄物体的动作。

（3）主动找人。

从3个月左右开始，婴儿会不断用哭声来引起成人的注意，也会用笑声来吸引人，喜欢别人逗他玩，这时出现了最初的亲子游戏，满足了婴儿的社会性交往需要。

（4）开始认生。

5～6个月大的婴儿开始对交往的人有所选择，出现认生的现象。认生是婴儿认知发展和社会性发展过程中的重要变化，认生的同时，婴儿人际关系的发展也发生了重大的变化，对亲人更加依恋，对熟悉程度不同的人会表现出不同的态度。

3. 婴儿晚期（6～12个月）

这一阶段婴儿的明显变化是动作灵活了，表现为身体活动范围比以前扩大了，双手可以模仿多种动作，逐渐出现言语的萌芽，亲子关系、依恋关系更加牢固。

（1）身体动作迅速发展。

这一阶段，婴儿逐渐学会抬头、翻身、坐、爬、站、走等动作。这一时期应为婴儿准备适宜的玩具，玩具对于促进其动作发展有重要的作用。

（2）手的动作开始形成。

从6个月到1岁，婴儿手的动作日益灵活，其中最重要的是五指分工动作发展起来了。所谓五指分工，是指大拇指和其他四指的动作逐渐分开，而且活动时采取对立的方向，而不是五指一把抓。五指分工动作和手眼协调动作是同时发展的，这是人类拿东西的典型动作。除了五指分工，半岁以后，婴儿还喜欢做重复连锁动作。

（3）言语开始萌芽。

6个月以后，婴儿喜欢发出各种声音，还可以发出重复、连续的音节。9～10个月左右，婴儿能够听懂一些词语，能够按照成人说的做出一些动作。

（4）依恋关系发展。

这一阶段，亲子依恋关系日益发展。相较于6个月左右时婴儿对亲人的依恋不舍，到1岁左右时，其分离焦虑更为明显。

（二）幼儿期的心理发展特征（1～3岁）

1. 动作的发展

这个阶段的幼儿最明显的变化是学会直立行走，初步学会使用工具和做游戏。

2. 心理的发展

（1）言语形成。

这个时期是幼儿初步掌握本族语言的时期。1 岁左右是婴幼儿言语发生的准备阶段；1～1.5 岁是幼儿理解语言的阶段；1 岁半以后幼儿能说很多话；2 岁左右，幼儿虽然说话不成句，但能模仿大人讲话；3 岁左右，幼儿已经初步学会用语言表达自己的意思。

（2）思维活动出现。

由于表象的出现，幼儿早期能根据已有的表象对事物进行最初的概括和推理，2 岁以后能够对一些简单的事物做出判断。

（3）想象开始萌芽。

2 岁左右的孩子能够在操作物体的时候进行简单的想象活动。

（4）自我意识萌芽。

自我意识是个体对自己所作所为的看法和态度。2 岁左右，幼儿出现自我意识的萌芽，表现为独立行动的愿望很强烈。独立性的出现，是心理发展非常重要的一步，是人生心理发展成就的集中表现。这个时候，幼儿可以区分“我”与他人，心理水平有了很大的提高。

本章小结

本章主要介绍了心理现象与心理学的基本概念、心理的实质及婴幼儿心理发展的研究对象；明确了学习婴幼儿心理发展的意义；从生理因素（遗传素质、先天素质、生理成熟机制）、环境因素和婴幼儿主体活动的角度阐述了影响婴幼儿心理发展的因素；简要地介绍了婴幼儿心理发展的相关理论流派及其主要观点；重点阐明了婴幼儿心理发展的一般历程和各个年龄段的心理发展特征，有助于学习者了解 0～3 岁婴幼儿心理发展的来龙去脉。

思考与练习

一、单项选择题

1. 生活在不同环境中的同卵双胞胎的智力测试水平很接近，说明（　　）。

A. 遗传对智商的影响较大　　　　B. 环境对智商的影响较大

C. 遗传与环境对智商的影响相当　　D. 遗传与环境相互作用

2. 婴儿手眼协调的标志是（　　）。

A. 无意触碰物品　　B. 伸手拿到看到的物品

C. 握住物品　　D. 玩弄手指

3. 按照弗洛伊德的观点，0～1 岁的婴儿处于（　　）心理发展阶段。

A. 口唇期　　B. 肛门期　　C. 性器期　　D. 潜伏期

4. 格塞尔的成熟势力说认为，成熟是儿童发展的动力，这主要是通过（　　）实验得出的结论。

A. 小白鼠走迷宫　　B. 双生子爬梯

C. 恐惧形成　　D. 视崖

5. 幼儿在吃饭时，不小心将盘子碰倒了，对妈妈说“盘子倒了，哭了”。这表明此时幼儿的思维特点是（　　）。

A. 自我中心　　B. 泛灵论

C. 不可逆　　D. 不守恒

二、多项选择题

1. 弗洛伊德将人格结构分为（　　）。

A. 本我　　B. 自我　　C. 原我　　D. 超我

2. 按照弗洛伊德的观点，0～3 岁婴幼儿会经历哪几个阶段？（　　）

A. 口唇期　　B. 肛门期　　C. 性器期　　D. 生殖期

3. 按照皮亚杰的理论观点，0～3 岁婴幼儿会经历哪几个认知阶段？（　　）

A. 感知运动阶段　　B. 前运算阶段

C. 形式运算阶段　　D. 具体运算阶段

三、简答题

1. 请简述蒙台梭利的敏感期理论。

2. 基于班杜拉的观察学习理论，请你谈一谈如何减少婴幼儿的攻击性行为。

四、案例分析题

小宝，17 个月大，男孩，当自己的要求没有得到满足时，常常会咬人、抓人，做出攻击性行为。这是什么原因呢？假如你是小宝的托育老师，你应该如何对家长进行指导？

第二章　婴幼儿动作的发展

本章结构图

- 婴幼儿动作的发展
  - 婴幼儿动作发展的规律及意义
    - 动作发展概述
    - 婴幼儿动作发展的基础
    - 婴幼儿动作发展的规律
    - 婴幼儿动作发展的意义
  - 婴幼儿动作发展的内容
    - 常见的先天反射性动作
    - 随意动作
  - 婴幼儿粗大动作的发展
    - 头部动作的发展
    - 翻身动作的发展
    - 坐的发展
    - 爬行的发展
    - 站立的发展
    - 行走的发展
    - 跑跳的发展
  - 婴幼儿精细动作的发展
    - 婴幼儿抓握动作的发展
    - 婴幼儿双手协调动作的发展
    - 婴幼儿手眼协调动作的发展

学习目标

知识目标

1. 了解婴幼儿动作发展的规律及意义。
2. 掌握婴幼儿动作的类型。
3. 掌握婴幼儿粗大动作、精细动作发展的规律及特点。

能力目标

1. 能够根据婴幼儿粗大动作发展规律及特点，选择并组织合适的早期教育。
2. 能够根据婴幼儿精细动作发展规律及特点，选择并组织合适的早期教育。

素养目标

1. 尊重婴幼儿动作发展规律，具备安全意识，促进婴幼儿身心健康发展。
2. 亲近婴幼儿，热爱婴幼儿教育事业。

情景导入

伴随着“左三圈，右三圈，脖子扭扭，屁股扭扭，早睡早起，咱们来做运动……”的欢快乐曲，2 岁半的飞飞模仿着妈妈的动作，学得有模有样。在与妈妈的亲子活动中，飞飞的动作越来越熟练，跳得越来越好。作为一名托育教师，应该如何更好地促进婴幼儿动作发展呢？让我们一起来探究学习婴幼儿动作发展的秘密吧！

第一节　婴幼儿动作发展的规律及意义

我们的身体就像“会走路的档案馆”（米尔顿，1999），动作是人类最重要的一种基本能力，动作发展贯穿人类生命发展的全程，尤其是婴幼儿期，动作发展的重要性更加明显。婴幼儿各种运动和动作的发展是其活动发展的直接前提，是婴幼儿进行各种活动不可缺少的重要基础，是婴幼儿早期接触外界环境的重要方式之一，也是其心理发展的外在表现。作为婴幼儿心理发展的一个起点，婴幼儿动作的发展与感知觉、言语、情绪情感、个性、社会性等方面的发展息息相关、相互影响，对婴幼儿心理发展起着重要的作用。

因此，动作发展是个体早期心理发展研究的重要领域。

一、动作发展概述

动作是指具有一定动机和目的并指向一定客体的运动系统。我国心理学家林崇德在《心理学大辞典》中对动作的界定为："动作概念是对完成动作所必须遵循的规律的反映。"

动作是通过运动来实现的，但动作并不是个别运动的简单的、机械的组合，而是复杂程度不同的整合，是有目的的运动系统。

动作发展是在脑和神经中枢、神经、肌肉的控制下进行的，因此婴幼儿动作的发展和身体的发展、大脑与神经系统的发展密切相关。在婴幼儿早期，动作的发展在某种程度上标志着其心理发展的水平，同时，动作的发展也会促进婴幼儿心理的发展。因此，动作发展与心理发展密不可分。

动作技能也叫操作技能或运动技能，是指通过练习而形成的一定的动作方式，写字、绘画、游泳、跳舞、骑车等都属于动作技能。技能是由一系列的动作组成的。婴幼儿在掌握了人类的一些基本动作之后，开始通过大量的练习掌握日常生活活动和游戏中所需要的比较简单的动作技能，如折纸、翻书、穿珠子、搭积木、自己端碗拿勺子吃饭、穿衣服、系纽扣、脱衣服、拿蜡笔或铅笔涂画等。学前期是儿童学习动作技能的最佳时期。这个时期儿童的身体柔软，容易学习许多动作，加之他们喜欢模仿，喜欢不厌其烦地重复同一活动或者同一动作，只要积极地加以指导或训练，学前期儿童就可以获得许多动作技能。心理学家一致认为，动作技能是一种习得的能力，受内部心理活动的控制。

二、婴幼儿动作发展的基础

婴幼儿的动作发展最早表现在新生儿时期。新生儿期，婴儿的大脑皮层还未成熟，神经活动主要是在皮层下部位进行的一些先天的无条件反射。先天反射性动作便是婴幼儿最初的第一批动作。这些反射是与生俱来、无须训练、不学而会的一种反射。新生儿借助先天性反射活动适应周围的环境，接触周围的事物，实现与周围环境的平衡。

随着婴幼儿年龄的增长，神经系统逐步发展，这些先天性的反射活动会在一定的时间内逐渐消失，随后被一些成熟的神经活动代替。这些先天性反射活动是个体后天形成的人特有的条件性反射动作的基础，对婴幼儿适应周围的环境与探索外部世界具有积极的作用。

三、婴幼儿动作发展的规律

婴幼儿的动作发展并不是一个随意的、杂乱无章的过程，而是有确定的内在规律，遵循一定的原则。

（一）由上部动作到下部动作

婴幼儿首先发展的动作是头部动作，其次是躯干动作，最后才是脚的动作。“三翻六坐九爬”，婴幼儿最先学会的是抬头和转头，然后是翻身和坐，接着是使用手和手臂，最后才学会腿和足的运动，能直立行走和跑跳。任何一个婴幼儿的动作发展都是沿着抬头—翻身—坐—爬—站—行走的方向逐渐成熟的。

（二）由大肌肉动作到小肌肉动作

婴幼儿的动作从大肌肉向小肌肉发展，因此婴幼儿首先学会大肌肉的粗大动作，如手臂和腿部的动作，然后才逐渐学会小肌肉的精细动作。新生儿只会弥漫性的“臂舞腿蹈”，如4～5个月的婴儿要拿面前放着的玩具，往往不是用手而是用手臂甚至整个身体。随着神经系统和肌肉的发展，加之婴幼儿大量的自发性练习，动作逐渐分化，婴幼儿开始学习控制身体各个部位的小肌肉的动作。

（三）由中央部分动作到边缘部分动作

婴幼儿动作发展从身体中部开始，靠近躯干的部位先发展，远离身体中心的肢端动作发展较迟。婴幼儿首先发展头部和躯干动作，然后是双臂和腿部动作，最后是手的精细动作。比如，上肢的发展方向是肩头—上臂—肘—腕—手—手指；下肢的发展方向是大腿—膝盖—小腿—脚踝—脚—脚趾。

（四）由整体动作到局部动作

婴幼儿最初的动作是全身性的、笼统的、弥漫性的，其特点是“牵一发而动全身”。如满月前的婴儿受到刺激或者有什么需求时，都是边哭叫边全身乱动。随着年龄的增长，婴幼儿的动作从整体动作向局部、准确、精细化的动作发展。

（五）由无意动作到有意动作

婴幼儿动作是由简单的无意识动作向复杂的有意识动作发展。婴幼儿开始的动作只是简单的粗大动作，意识参与的成分比较少，以后逐渐发展为有意识参与的精细动作和复杂动作。

婴幼儿的动作发展都遵循着一定的共同规律，但由于个体的差异，每一个婴幼儿发展的速度也各不相同。婴幼儿动作发展不仅受神经系统成熟程度的制约，也受到社会环境因素和个体经验的影响。

四、婴幼儿动作发展的意义

动作作为主体能动性的基本表现形式，在婴幼儿早期心理发展中起着重要的建构作用。动作的发展使得婴幼儿在与客体不断的相互作用中感知外界的刺激并做出相应的反应，获得了对外界环境最初的认识，并促进了自我意识的发展。皮亚杰的发生认识论认为：人的知识来源于动作，动作是感知的源泉和思维的基础。婴幼儿通过对物体的抓握、摆弄等动作获得关于物体的知识，进而认识物体。在感知运动阶段，皮亚杰认为婴幼儿靠感觉与动作认识周围的世界，并逐渐认识到自己与他人、自己与物体的不同。动作发展促进了婴幼儿对外界事物的探索。

0～3 岁婴幼儿动作的发展对其心理的发展有着重要意义，与婴幼儿智力的发展和个性的形成也有很大的关系，具体表现如下。

（一）动作发展促进了婴幼儿心理发展

皮亚杰认为，智慧起源于动作。运动对婴幼儿心理活动或心理的发展起着重要的作用。不论是大动作还是精细动作，都在不断的运动中促进了婴幼儿心理的发展。比如，婴幼儿手的抓握动作具有自己的特点，首先学会拇指和其余四指对立的抓握动作，然后在抓握动作中，逐步形成眼和手的协调运动，从而更好地认识周围的事物，促进心智的发展。婴幼儿通过掌握一定数量的动作和动作技能学会了独自活动，开阔了眼界，增长了见识。因此可以说，动作发展是心理发展的源泉，没有动作，婴幼儿心理就无从发展。

（二）动作发展促进了婴幼儿独立生存能力的发展

俗话说："人有两件宝，双手和大脑，双手会做工，大脑会思考。"可以说"手是人类的第二个大脑"。蒙台梭利认为，手总是和心理活动连接在一起的。也就是说，婴幼儿的心理发育和手部运动的发育是相互联系的。婴幼儿一出生，就用双手去探索周围的事物，大脑开始接收手传递给它的信息，婴幼儿的手部动作发展得越好，对大脑的发育越有利。脑和手是劳动无声的工具，是独立生存和生活能力发展的重要基础。为了独立生存，婴幼儿手的动作发展得越来越精细，从满手抓到各手指协调发展，学会独立行走之后还可以用手获取更多的触觉经验并可以独自参加活动。双手的发展与大脑的发育联系如此紧密，这充分说明了手的重要性，所以婴幼儿早期双手的发展应该受到重视。可以说，如果没有了双手，人们的生活将是无法想象的艰辛。因此，动作发展不仅促进了婴幼儿智力的发展，也促进了婴幼儿独立生存能力的发展。

（三）动作发展促进了婴幼儿认知的发展

婴幼儿与环境的相互作用是通过动作进行的，在早期与环境的相互作用中，婴幼儿的动作得到发展，同时也促进了认知的发展。例如，婴儿通过爬行获取了运动经验，促进了感觉与知觉的发展；手部动作及手势的发展，扩大了婴幼儿与环境的相互作用；手的抓握和独立行走等动作的发展，促进了婴幼儿空间认知的发展。因此，婴幼儿早期动作的发展是其认知发展的外在表现，同时，动作发展也促进其认知不断向高级化与复杂化发展。

（四）动作的发展促进了婴幼儿社会交往能力的发展

随着动作能力的发展，婴幼儿与周围人的交往从依赖、被动逐渐向自主、主动转化。动作的发展，可以促进婴幼儿社会交往能力的发展。心理学的实验证明，运动经验在婴幼儿社会交往能力发展中扮演着极为重要的角色。很多心理学家都曾注意到婴儿学会爬行给其亲子依恋关系所带来的某种变化。当婴儿学会爬行，试图爬到“远处”去做一番探索时，他必然要失去通过与母亲的身体接触建立起来的安全感，为“找回”安全感，孩子必须发展一些新的与母亲交流的方式，这就要求他们学会接受和解释母亲的面部表情、声音、姿势等所传递的情感信息，只有这样，婴儿才能消除环境中不确定与不稳定的因素。爬行的技巧激起了婴儿寻向远处，或者伸出手指向某一物体，进而探索外界环境的动机，这种动机促进了婴儿社会交往能力的发展，从而扩大了婴幼儿与周围人的社会交往。

第二节　婴幼儿动作发展的内容

一、常见的先天反射性动作

新生儿所具有的全部本领中一个重要的组成部分就是一系列的先天性反射动作。

先天反射性动作又称无条件反射性动作，是指与生俱来、无须训练、不学而会的一种反射性动作，是人类最初的一切生存活动的基本反射。先天反射性动作既能促进婴儿的生长发育，也是检查婴儿是否发育健全、神经系统是否发育正常的一个重要指标，还可以为婴幼儿后天的随意动作的发展奠定良好的基础。

下面主要介绍 8 种常见的先天反射性动作。

（一）吸吮反射

吸吮反射是新生儿无条件反射的一种。当用乳头、手指或其他物品碰触新生儿的口唇时，新生儿就会立即做出吸吮动作。该反射在出生后3～4个月自行消失，以后逐渐被主动的进食动作所替代，但在睡眠或其他一些场合，婴儿仍会表现出自发的吸吮动作，可持续到1岁。

（二）觅食反射

觅食反射也是新生儿无条件反射的一种。当用母亲的乳房轻触新生儿的面颊时，新生儿即可出现寻觅乳头的动作；当用手指抚弄新生儿面颊时他的头也会转向刺激的方向。该反射在3～4个月时会逐渐消失。

（三）抓握反射

抓握反射又称握持反射、达尔文反射，是人生来就有的一种无条件反射。用手指或笔杆刺激新生儿手心时，新生儿的手会马上抓紧不放，新生儿抓握的力量非常大，足以承受新生儿的体重，成人甚至可以借此将新生儿提起悬在空中停留几秒钟。这种反射在出生后的第一个月增强，随后逐渐减弱，到3～4个月逐渐消失，以后被随意的抓握动作替代。

（四）巴宾斯基反射

当用火柴棍等物的钝端由新生儿的脚跟部向前划足掌外侧时，会引起拇趾背屈，其余4趾跖屈及扇形展开的反射性动作，这就是巴宾斯基反射。2岁以内的婴幼儿出现巴宾斯基反射为正常生理现象，若单侧出现或2岁后出现为病理现象。

（五）拥抱反射

拥抱反射又称惊跳反射、莫罗反射，是新生儿最具防御性的反射。当突发巨响受到惊吓或头部突然下坠时，新生儿会双手张开，四肢伸直外展，双臂屈曲做拥抱状。此反射一般在出生后3个月表现最明显，4～6个月时消失。如果9个月以上的婴幼儿仍出现拥抱反射，则表明其大脑可能有慢性病变。

（六）游泳反射

游泳反射又称潜水反射，是新生儿无条件反射的一种。让不满6个月的婴儿俯卧在水里，他就会将头抬起、伸腿，用双手做出协调很好的不随意游泳动作。该反射在4～6个月逐渐消失，8个月以后，婴儿才拥有有意识的游泳动作。

（七）行走反射

行走反射又称踏步反射、无意识步行，是新生儿具有的一种神奇的本领。当新生儿处于清醒状态时，成人用双手扶着其腋下，使其光脚板接触平面，新生儿就会做出迈步的动作，左、右两脚协调地交替向前迈步，看上去非常像动作协调的行走。这种反射在出生后两个月左右消失。

（八）击剑反射

击剑反射又称强直性颈部反射。当婴儿躺着时，将他的头转向左侧或右侧，他就会伸出与头转向一致的那一边的手，而把相反方向的手臂和腿弯曲起来，仿佛做出“击剑者”的姿势，实际上这是新生儿吃奶最好的姿势。这种反射最初发生在28周的胎儿身上，在出生后3个月左右消失。若这种反射在婴幼儿动作发展中继续存在，则表明脑和神经系统的发育有可能不正常。因此，这种反射在临床上有参考意义和诊断价值，可用来进行小儿智能发育检查。

新生儿具有这么多先天反射性动作，表明新生儿并不像我们想象的那样柔弱。大部分先天反射性运动都具有机体适应和自我保护作用。目前在一些国家，有些人利用婴儿先天的游泳反射训练婴儿游泳，已有一定成效。但不是所有的反射性动作都可以进行该种动作的训练，如行走反射，并不是说只要借机训练，婴幼儿就能很快学会行走。这类动作的发展，还需要环境及机体的成熟程度的支持。

二、随意动作

随意动作是指在神经系统的调节下，受意识支配、受计划调节并服从于一定的目的或方向的动作。随意动作是婴幼儿通过后天学习获得的复杂的机能系统，属于条件反射的性质。如穿衣、吃饭等是简单的随意动作；学习、社交、劳动等是复杂的随意动作。随意动作是意志活动的基础，没有随意动作，意志活动就无法实现。因此，随意动作是意志活动的重要组成部分。随意动作包括粗大动作和精细动作两种。在婴幼儿智能发育检查中，粗大动作和精细动作的发展是一项重要内容。

（一）粗大动作

粗大动作是指全身大肌肉群活动所组成的随意动作，主要包括由头颈部肌肉群、躯干部肌肉群、腰部肌肉群以及四肢肌肉群等参与的平衡性动作。粗大动作包括抬头、翻身、坐、爬、站、走、跑、跳、钻、攀登、下蹲、平衡等动作。

（二）精细动作

精细动作是指凭借手和手指等部位的小肌肉或小肌肉群的运动，在感知觉、注意力等心理活动的配合下完成的特定动作，包括抓、握、扔、拿、放、穿、拼、搭、捏、扣、画等动作。这种完成特定动作的能力和感觉、知觉、注意力的发展关系密切，尤其是和感知觉关系更为密切。精细动作的发展本质上就是手、眼、脑的协调能力的综合发展。俗话说

“心灵手巧”，这说明手、脑关系密切，灵巧的双手能促进大脑的发展，也影响着婴幼儿的心理发展。因此，可以认为精细动作是婴幼儿最初的智能形式，也是评价婴幼儿生理、心理发展状况的重要指标。

第三节　婴幼儿粗大动作的发展

粗大动作的发展是婴幼儿生长发育的里程碑。婴儿出生后第一年，粗大动作发展速度最快。在这一年里，婴儿学会了抬头、翻身、坐立、爬行、站立、行走等动作，通常有“三翻六坐九爬”的说法；之后第二年，幼儿又相继学会了跑、跳等动作。

婴幼儿粗大动作的发展历程大致如下。

一、头部动作的发展

对于婴幼儿而言，头部动作是最早发展、完成的动作。新生儿还不会抬头，但当面部向下趴着时，会出现反射性匍匐动作，可视为爬行的原始开端，为日后抬头打下基础；2个月左右时，婴儿略能够控制头颈部，可在俯卧姿势时稍稍抬起头和前胸部；3个月时，婴儿才可抬头，直立时会抬头冲人微笑，虽然此时婴儿能够抬头，但颈部肌肉还比较柔弱，建议养育者以横抱姿势为主，当需要竖抱时，要注意保护好后脑部和颈部；4个月左右时，婴儿头部可平稳竖直，此时抚养者可以选择竖抱。因婴儿间存在个体差异，有些婴儿抬头姿势的发展会相对缓慢，但如果到了5个月时还不能稳住头部，就需要及时去医院进行检查。

知识链接

横抱姿势和竖抱姿势

1. 横抱姿势

4个月之前的婴儿建议采用横抱姿势。具体操作如下：抚养者先将一只手放在婴儿脖子下以支撑头部，然后轻轻提起上半身，将整个手掌包裹在婴儿的脖子和头后部。另一只手穿过婴儿的腿去支撑他的臀部，张开手托住臀部，增加其稳定性。为防止婴儿脖子晃动，抚养者手掌要从脖子一直放到头后部，然后慢慢提起。此时建议让婴儿和抚养者的身体紧密接触，从而减轻抚养者手臂和腰部的负担。最后慢慢移开支撑头后部的手，以使婴儿的头和脖子靠在抚养者肘部的内侧，婴儿身体依然被放在臂部的手牢牢地支撑着，完成横抱。

2. 竖抱姿势

抚养者将身体靠近婴儿的前部，并将手放在婴儿两侧的腋下方，竖起拇指，其他四个手指放在背上。将四根手指和整个手掌从婴儿的背部放到颈部和头后部，并在稳固支撑的同时缓慢提起，此时注意抚养者需要手臂弯曲。然后将一只手移开，用手臂支撑婴儿背部和臀部，完成竖抱。

资料来源：佚名．横抱和竖抱新生儿的正确姿势和注意点［EB/OL］.（2020－12－17）［2023－01－20］. 知乎专栏.

二、翻身动作的发展

婴儿翻身动作往往是伴随着抬头动作发展的，或者紧随其后。3～6 月龄的婴儿基本上能学会翻身。但在翻身的时间上，有的婴儿会早一点，有的则发展略晚，抚养者需要仔细观察，细心捕捉婴儿翻身前的信号，及时给予帮助和保护，促进婴儿翻身动作的发展。

翻身准备期：1～3 月龄。当婴儿俯卧时会用手臂支撑抬起自己的小脑袋、肩膀和胸部，弓起后背，甚至试图抬起其中一只胳膊，仰卧时会挥动自己的腿和手臂，这说明婴儿已经有了翻身的强烈愿望，同时这些动作也锻炼了婴儿颈部和背部的肌肉力量，为翻身做好准备。抚养者可以多提供俯卧的机会，有意识地锻炼婴儿抬头的动作，锻炼肌肉力量，从而使婴儿较早地尝试翻身。

翻身探索期：3～6 月龄。这个时期，婴儿往往不再满足于仰卧，身体会经常朝一个方向侧卧，这时抚养者需要捕捉到动作信号，及时帮助婴儿练习翻身。帮助婴儿练习翻身的方法主要有以下两种：方法一，可以把婴儿的左腿放在右腿上，抚养者的左手握住婴儿的左手，用右手指刺激婴儿背部，使婴儿主动向右翻身，翻至侧卧位，进一步翻至俯卧位。方法二，采用玩具诱导法，将婴儿喜欢的玩具放在婴儿常常朝向的侧面，逗引、鼓励婴儿更多地尝试和巩固翻身动作。当婴儿自己在某一踢腿或者“游泳”动作中第一次翻身成功之后，他会体会到翻身的乐趣，并不断地进行自我探索和练习。经过更多的尝试、探索，多数婴儿在 5～6 个月时都可以熟练地从仰卧到俯卧、从俯卧到仰卧正反两方向翻身。

三、坐的发展

婴儿 4 月龄左右时，尤其是能够自主控制头部后，抚养者可以让处于仰卧位的婴儿握住抚养者的手，将其拉坐起来，此时婴儿的头不向前倾。5～6 个月时，婴儿的神经、骨骼和肌肉等逐渐发展成熟，为坐姿的发展奠定了良好的基础。5 个月左右时，婴儿可以倚着靠垫坐一会儿，但不能坐得很直，身体会呈前倾的状态，并且时间不长，一旦没有支撑很容易失去平衡。6 个月左右时，在靠坐的基础上，婴儿开始学会独坐，在婴儿初学独坐时，抚养者可以先给予一定的支撑，婴儿坐稳后再逐渐撤去支撑。有的婴儿可能到 7 个月左右才能逐渐坐稳。到 8～9 个月时，婴儿独坐基本没有问题，并且能够在坐姿状态下双手拿玩具，对周围事物的兴趣更加浓厚，还能够转动头颈和上半身来观察环境。

四、爬行的发展

爬行，是婴儿期第一次全身协调运动，是连接坐与走两个动作的活动形式，是婴儿成长过程中必不可少的重要环节，对婴儿的身体机能、生理、心理等各个方面的发展都有很多好处。

（一）爬行有助于新陈代谢，促进身体机能发展

婴儿爬行时，头颈部、胸部、腰背部、臀部以及四肢均需发力，这就意味着在这个过程中不仅能锻炼肌肉力量，促进骨骼、神经器官的发展，也会消耗大量能量，促进新陈代谢，促使身体机能不断发展。

（二）爬行有助于认知能力的发展

一方面婴儿通过爬行扩大了视野范围和活动范围，学会了如何绕过障碍物，获得空间知觉和空间定向能力；另一方面婴儿获得了大量经验信息，从而促进了感知觉的发展，对思维、言语等能力的发展也起到重要作用。

（三）爬行有助于大脑发育，促进协调性动作的发展

爬行不仅能调动和激发婴儿大脑的积极性，还对婴儿未来的平衡感、手眼协调能力的发展起到重要作用。爬行是目前国际公认的预防感觉统合失调的最佳手段。

（四）爬行有助于个性的形成

“摸爬滚打”是婴儿独立探索世界的重要一步，婴儿第一次靠自己的努力爬向自己想去的地方，第一次享受到了空间的自由和自我做主的愉快心情。对婴儿爬行动作进行适当的训练，可以提升婴儿的独立意识和自信心，也有助于意志力和胆量的培养。

婴儿爬行的发展主要经历爬行准备、抵足爬行、手膝爬行、手足爬行等阶段。

5～6 月龄的婴儿会趴在床上，以腹部为中心，向左右挪动身体打转，为爬行奠定基础。6～7 个月时，婴儿会做出踢脚的重复性动作，研究者特伦观察发现踢脚的动作在开

始爬行之前达到顶峰，也许有节奏的踢脚是在为爬行做准备。7 个月左右时，婴儿会以腹部为支点，借助手肘的力量匍匐前进，此时婴儿的双腿基本没有发挥作用，这就是抵足爬行；在此期间，婴儿会做出四肢不规则的划动动作，后退式挪动身体。渐渐地，随着手部和腿部力量的增加，婴儿可以腹部离地，依靠手和膝盖爬行，即手膝爬行。到 9～10 个月时，婴儿会采用两手、两膝盖前后交替前进，保持身体平衡。1 岁左右，婴儿基本可以用两手和两脚支撑身体，完成手足爬行动作。

五、站立的发展

新生儿期，最早出现了踏步反射；3～4 个月时，婴儿可以在抚养者的搀扶下，膝关节和髋部呈屈曲状呈现站立的动作形态；5～6 个月时，婴儿可以在抚养者的扶持下站立，他们喜欢站在抚养者的腿上蹬踩，跳上跳下，从中体验到快乐；8～9 个月时，婴儿可以扶着高度适当的沙发、椅子、栏杆等物体站立或者扶墙站立，锻炼自己的下肢力量，但因为这个阶段骨骼发育不够完善，所以不建议久站，以免造成腿部畸形或跌伤；10～11 个月时，婴儿可尝试独立站立，在抚养者牵引下，可蹒跚行走。

考虑到婴儿骨骼、肌肉的发展特点，站立的发展训练不能操之过急，一般情况下，9～10 月龄是婴儿站立训练的最佳时间，抚养者除了要给予婴儿足够的站立时间积累外，还要做好保护措施，使婴儿更快、更好地掌握独站动作，为未来行走奠定基础。

六、行走的发展

独立行走是婴幼儿大运动发育的重要里程碑。独立行走使婴幼儿的活动更具主动性，躯体移动由被动转为主动；婴幼儿在行走的过程中扩展了与外界的接触，扩大了认知范围，促进了大脑的发育和认知的发展；同时，行走的过程增加了婴幼儿与周围人的社会交往，对婴幼儿从事最初的实践活动和独立性的形成具有重要意义。

一般情况下，在 10～16 个月能够独立行走都是正常的，大多数婴幼儿在一岁多时都能够独立行走。

行走的具体发展过程如下：9～10 个月的婴儿在抚养者帮助下可走几步，虽趔趄不稳，但对其未来独立行走有重要意义。10～11 个月的婴儿可尝试独立站立，在抚养者牵引下，可蹒跚行走，步行距离渐长。12 个月左右时，蹲是此阶段重要的发展过程，在“站—蹲—站”的连贯动作的发展下，婴儿腿部肌肉力量不断增强，能够在抚养者搀扶下行走，逐渐学会放开手走二至三步，平衡能力逐渐提高。13～15 个月时，婴幼儿已经能行走良好，并可弯腰捡拾地上的物品。

知识链接

学步期的两个关键问题

问题一：学步车的利与弊。

很多家长选择学步车，主要目的是让婴幼儿早日学会走路。把婴幼儿放在学步车中，婴幼儿可以自由行走，从而解放家长的双手，节省训练体力。但各项研究表明，学步车在使用过程中实际上是弊大于利的。

第一，长期使用学步车，不利于婴幼儿腿部力量的锻炼，导致运动能力发展延迟，甚至会影响走路姿势。当车体的高度不符合婴幼儿的身高时，婴幼儿会形成踮着脚走路的习惯，这就容易使足关节变形，形成趾外翻，甚至扁平足。

第二，学步车将婴儿固定在其内，因空间狭小而使婴儿失去了大运动锻炼的机会。同时，学步车轮的滑行降低了婴幼儿真正的自主锻炼能力。

第三，增加危险事件发生概率。家长因信任学步车的安全性，独留婴儿在车中，转身忙其他事务，很容易出现意外翻车、接触到危险物品等情况。

问题二：婴儿弯腿。

弯腿，常见的即为 X 形腿和 O 形腿。通常情况下，婴儿期绝大多数弯腿是正常的，这是因为在胎儿期腿部保持一种弯曲的状态，出生后的婴儿腿部都会呈现内翻，即踝关节可以靠拢，但膝关节不能靠拢。1 岁半左右有内弯多属正常生理现象。接近 2 岁时，在负重和外力的刺激下，下肢逐渐直起来，之后，膝部就开始往外翻，膝部内侧的骨头显得格外突出。4 岁左右时，会出现膝外翻，即生理性 X 形腿。随着生长发育，到 7～8 岁时，这种情况基本消失。所以婴幼儿时期出现 X 形腿或 O 形腿是生理自然变化的情况，家长无须过分担忧，但也要注意走路姿势的正确引导，如果发现婴幼儿腿弯不对称或者超过 1 岁后仍然弯得非常厉害，就需要及时就医诊治。

资料来源：百度文库，有来医生.

七、跑跳的发展

跑跳是婴幼儿掌握基本运动技能的重要步骤。通过跑跳，婴幼儿背部、腰部、四肢的力量逐渐增强，身体全面综合协调发展。

跑跳的发展过程具体如下：15～18 个月的幼儿可尝试奔跑，近似于疾走，但步伐不稳、动作不够协调。18～24 个月的幼儿身体平衡感越来越好，但在开始练习跑步时，跑起来不会自动停下，需要家长跟着并帮助幼儿停下来，这时幼儿能够投掷皮球，家长可以通过抛球捡球的游戏鼓励幼儿自己投掷皮球，自己跑步捡球，逐渐学会放慢脚步平稳地停下来，这样幼儿才算是真正学会了跑步。这个阶段，幼儿还能够上下楼梯，但肌肉活动还欠协调。24 个月以后，幼儿能够熟练地奔跑，还能够绕过障碍物。24～30 个月的幼儿能够跳跃，经历"双腿跳—单腿跳"的发展进程。30 个月左右的幼儿能够双脚离地连续跳跃 2～3 次。30～36 个月的幼儿可熟练地蹦跳和奔跑，动作基本协调，会跳远。

粗大动作的发育过程是每个孩子在成长中都会经历的，但是婴幼儿的动作行为发展也需要成人有意来训练。如果能够按照婴幼儿运动发育规律，将婴幼儿实际发育水平与保育紧密结合起来，坚持对婴幼儿进行符合月龄段的动作发展训练，就会使 0～3 岁的婴幼儿运动发育达到一个更高的水平。

第四节　婴幼儿精细动作的发展

精细动作也称小肌肉动作，是指个体凭借手以及手指等部位的小肌肉或小肌肉群的运动，在感觉、知觉、注意等心理活动的配合下，完成的特定动作。婴幼儿手部精细动作最初表现为抓握和取物，精细动作发展顺序大致为"三玩手、五抓、七换手、九对指、一岁乱画、二岁折纸、三岁搭桥"。

手部动作是人体最复杂、最精细的运动之一，人们的日常生活、学习与劳动都离不开手部动作。自从有了灵巧的双手，人类就习得了其他动物无法实现的生活方式，因此手的发展是人类进步的标志。正如著名教育家苏霍姆林斯基所说："婴幼儿的智力在他的手指尖上。"手是婴幼儿认识客观世界、与外界交往的重要器官，手部精细动作的发展对婴幼儿的成长极为重要。婴幼儿今后的抓握、拿、捏、画画、写字、弹琴等每一项技能的学习都离不开手部精细动作的发展。

人们常说，"人有两件宝，双手和大脑"。在大脑中枢神经中有一部分专门掌管着手部动作，手部运用得越精细，与之对应的大脑神经元也就越发达。因此，婴幼儿精细动作的发展是婴幼儿智能发展的重要组成部分，也是大脑神经系统发育的一个重要指标。

0～3 岁婴幼儿精细动作的发展主要表现在双手抓握动作的发展、双手协调动作的发展及手眼协调动作的发展等方面。

一、婴幼儿抓握动作的发展

抓握动作是婴幼儿手部精细动作的最早表现形式，是各种复杂的精细动作发展的基础。新生儿双手常紧握拳头；2个月时有本能抓握动作；3个月左右的婴儿开始有一种不随意的抓握动作，经常无意地触摸被褥、亲人或者玩具；4个月的婴儿常常双手同时挥舞；5个月左右就开始发展起自主随意的抓握动作，会拿东西往嘴里放；6个月以后，婴儿能准确地抓住物体，此后婴幼儿手的精细动作有了进一步的发展。

（一）婴幼儿抓握动作的发展特点

婴幼儿抓握动作的发展是一个比较复杂的过程，主要表现出以下几个特点。

1. 由无意识的抓握向有意识的抓握发展

刚出生的新生儿手部呈拇指在手心的握拳状，手不能主动地张开，也不会抓住物体。当成人用手指轻轻触碰新生儿的小手时，会马上被宝宝的小手紧紧握住，这是无意识反射。两个月以后，婴儿才能有意识地去握物。4～5个月的婴儿手眼配合基本协调，这时可让婴儿训练抓眼前的物品、伸手够物、主动抓握等，为婴儿更好地实现手眼协调打好基础。5～6个月婴儿的抓握动作逐渐由无意抓握发展为有意抓握，表现为拇指和其余四指对立的抓握动作以及抓握动作过程中的手眼逐渐协调，此时可提供一些可以拍打抓握的玩具，以促进其精细动作的发展，这一时期也是婴儿进入双手协调能力发展的关键期。

2. 由手掌的尺侧抓握向桡侧抓握发展

由手掌的尺侧抓握向桡侧抓握发展，也就是说，手的动作从小拇指侧向大拇指侧发展。手部动作基本沿着以下方向发展：手掌的尺侧（小拇指侧）握物→全手掌抓握→桡侧手掌抓握或抓捏→桡侧手指抓握→拇指、食指对指抓握。

3. 由不成熟的抓握模式向成熟的对指抓握模式发展

不成熟的抓握模式是指拇指向下或在与手背平行的高度弯曲取物的模式，是上肢动作未分化阶段抓握动作的发育过程。7个月的婴儿随着稳定点由近端关节向远端关节移动，手指开始能够捏住物体，抓握动作有了进一步的发展。

4. 由抓握物体向放开物体发展

婴幼儿抓握动作的发展遵循以下四个连续的过程：视觉搜索物体、接近物体、抓住物体、放开物体。当婴幼儿发现自己感兴趣的玩具时，会张开小手，接近玩具，抓住并握在手中；当不想玩玩具时，还能够放手把物体松开放下。婴幼儿抓握物体更具有目的性，已能抓握更精细的物体。手的抓握动作能力的发展，在婴幼儿心理发展过程中具有极其重要的意义。

（二）婴幼儿抓握动作的训练方法

1. 利用生活中的各种机会和条件对婴幼儿进行抓握训练

刚出生的婴儿手部都是呈握拳状，家人可以把婴儿的手轻轻地掰开，然后再慢慢闭合；可以经常握握婴儿的小手，抚摸婴儿的掌心，这时婴儿会抓握成人的手指，成人可通过手指转动、抽拉等动作刺激他的小手，每天训练 2～3 次。在日常生活中，可利用各种机会多抚摸婴儿的手指，刺激婴儿的手指发育。

2. 愉快互动，通过玩具、游戏等激发婴幼儿的好奇心与练习兴趣

婴幼儿对周围的事物有着强烈的好奇心，喜欢用手去探索周围感兴趣的东西，所以家人可以给婴幼儿准备一些颜色较为鲜艳的玩具，如拨浪鼓、布娃娃、摇铃、塑料小球、条状积木、毛球等，把玩具放在婴幼儿的手中，让他抓握；同时成人还可以与婴幼儿一起玩抓球游戏，让婴幼儿学习怎样用手去抓取物品，锻炼宝宝双手的抓握能力。这些游戏不仅能锻炼婴幼儿的手部协调能力，还能促进婴幼儿的大脑发育。

在日常生活中，成人可以与婴儿玩各种抓握游戏，如“神奇小小手”游戏，成人在婴儿手上系一块红布或戴上哗啦哗啦响的手镯，吸引婴幼儿看自己的手、玩自己的手和吸吮自己的手。0～3 个月的婴儿经过尝试，开始用嘴去吸吮自己的手，这是婴儿心理发展的必然阶段。在这个阶段成人不仅不能干涉，还应当提供条件协助婴儿玩手。玩弄或吸吮手指，能促进眼与手的协调发展，为婴幼儿学会准确抓握玩具打下基础。

3. 根据婴幼儿不同发展阶段的水平和能力来选择训练内容，注意环境安全

在婴幼儿不同的年龄阶段应为其选择适宜的环境及玩具。开始练习抓握动作时，一定要让婴幼儿抓一些大小、形状适合的物品，然后再逐渐抓握一些方块、圆球类的物品。要根据婴幼儿的发展水平和能力，按照婴幼儿手的大小和能力来选择训练内容。练习内容和方式要由易到难、由简单到复杂，让婴幼儿逐渐提高抓握能力。婴幼儿抓握的物品和玩具一定要安全，不要太过刺手、尖利，温度要适宜。1 岁前的婴儿适宜抓握带声音的、鲜艳的玩具，如哗啦棒、小摇铃、各种反转玩具等。若选择装有珠子和零部件的玩具，一定要结实，以防脱落后被婴儿误食引起窒息。1～3 岁幼儿可选择搭积木、玩蘑菇拼图、手指对捏撕纸、玩橡皮泥、穿珠子等训练活动。

二、婴幼儿双手协调动作的发展

婴幼儿双手协调动作是指婴幼儿能同时使用双手操作物体，如可将物体从一只手传递

到另一只手中，可用双手进行游戏活动。婴幼儿不仅认知能力发展迅速，小手的精细动作能力也处在快速发展的时期。因此，抓住机会，多让婴幼儿做一些活动手部的游戏，可以很好地刺激婴幼儿的脑部发育，促进左右脑的均衡发展。

（一）婴幼儿双手协调动作的发展特点

新生儿两手紧握拳头，受到刺激会握得更紧。

2 个月时，双手依然是握拳状，有本能抓握动作，双手慢慢开始松弛张开。

3 个月时，手已经可以放开，常常用手抓住衣物、被角不放。抚养者将条状物放在婴儿手中，婴儿可以握住几秒。

4～5 个月时，会有意识地伸手够物，但往往拿不住，动作比较随意，但有时可以抓住黑暗中移动的发光物品，这个时候，开始双手抓握了。

6 个月时，可以抓握奶瓶，喜欢用手玩自己的脚。如果用东西挡住脸部，婴儿可以用手将遮挡物抓掉，这就是所谓的“蒙脸测试”。

7 个月时，能自己用手抓住饼干等食物，双手可以互相交换物体。

8～9 个月时，开始有比较明显的五指分开的动作，大拇指可以与其他四指分开，能使用拇指和其他四指对立抓握物体，拇指可以和其他手指相互捏。

10 个月时，可以手眼协调，将一件物品放到另一件物品上。

11 个月时，能用拇指和食指捏住较小的物体，能用手将东西放置在盒子里，并可以拿出来。

12 个月左右时，能使用大拇指和食指二指捏取或把玩物品，二指捏这种抓握动作使他们变成了较为熟练的操作者，可以握笔乱涂乱画，也可以去田野里抓蝴蝶、抓虫子。

13～18 个月时，能用双手搭一些积木，能双手捧碗，能试着双手配合用勺吃饭。

19～24 个月时，能画出简单的直线，能双手配合将线穿进扣眼。

25～30 个月时，会双手配合穿袜子、解纽扣等。

31～36 个月时，能用积木搭成形象的物体，能模仿画圆，开始使用筷子等。

婴幼儿在用双手摆弄物体的过程中，手部的精细动作越来越娴熟，双手的协调性也得到很好的锻炼，并逐渐形成双手和眼的协调运动。所谓“心灵手巧”，说明手、脑的发展存在着密切的关系，手的灵巧程度是大脑功能高低的一种标志。

（二）婴幼儿双手协调动作的训练方法

1. 成人进行动作示范，促进婴幼儿双手协调动作的发展

成人的示范动作对婴幼儿双手协调动作的发展具有促进作用。有研究表明：成人经常

引导婴幼儿做多种精细动作游戏，婴幼儿的精细动作发展水平明显高于做精细动作游戏少者。因此，成人要经常利用各种机会有意识地向婴幼儿示范各种双手协调配合的动作。婴幼儿通过观察成人的动作也会学习自己将手上的东西从一只手传到另一只手，用一只手中的玩具击打另一只手中的玩具，逐渐学会“倒手”。还可以教婴幼儿剥橘子、自己洗脸、解纽扣、穿珠子等需要双手配合的动作，以促进婴幼儿双手协调以及手、眼、耳的感觉统合能力的发展。

2. 开展游戏化的双手协调动作训练

游戏活动能充分发挥婴幼儿的想象力，促进婴幼儿空间智慧的发展，锻炼婴幼儿双手的协调性和灵活性，如斗斗飞、手指操、多变的小手、小手拍拍等游戏活动，成人可以根据婴幼儿不同的发展阶段进行相应的游戏活动。如妈妈面对婴儿，爸爸在婴儿后面扶着婴儿的手，边念儿歌边拍手，先自己拍一下，然后妈妈伸出右手拍宝宝的左手，按照儿歌的内容做相应的动作，逐渐过渡到婴儿能独自与妈妈做游戏。如儿歌：“你拍一，我拍一，一个小孩开飞机；你拍二，我拍二，两个小孩梳小辫儿；你拍三，我拍三，三个小孩爬高山；你拍四，我拍四，四个小孩写大字；你拍五，我拍五，五个小孩学跳舞；你拍六，我拍六，六个小孩吃石榴；你拍七，我拍七，七个小孩做游戏；你拍八，我拍八，八个小孩吹喇叭；你拍九，我拍九，九个小孩拍皮球；你拍十，我拍十，十个小孩来剪纸。”通过口念儿歌、脑想动作，不断地进行手指活动，让婴幼儿在愉快的游戏活动中锻炼手指的灵活性和协调性。这些游戏活动能使婴幼儿双手的触觉更敏锐，头脑更聪明，更富有创造力，思维更活跃。

三、婴幼儿手眼协调动作的发展

手眼协调是指在视觉配合下手的精细动作的协调性。婴幼儿手眼协调动作的发展是随着神经系统的发育而逐渐发展起来的。出生 2 个月之后，婴儿会端详小手或者吸吮手指。吸吮手指是智力发展的一个信号，是婴幼儿进入手指功能分化和手眼协调准备阶段的标志之一。

（一）婴幼儿手眼协调动作的发展特点

2 个月时，当手碰到被子或别的物品时会去抚摸它。

3～4 个月时，手的范围和视线不交叉，有人把东西放到他手掌上，他会无意识地抓握。

5 个月时，开始看自己的手和辨认眼前目标，但伸手抓玩具时抓不准。

6 个月时，手的范围和视线开始交叉，能基本准确抓握，还会双手传递物品。

9 个月时，能用眼睛寻找到从手中掉落的物品，喜欢敲打物品。

10～12 个月时，能用手指捏东西，能理解手中抓着的玩具和掉落在地上的玩具之间的因果关系，因此喜欢故意把抓在手中的玩具扔掉，并且用眼睛看着、用手指着被扔掉的玩具。

12 个月以后，手眼动作基本协调。

18～24 个月时，发展出更高级的手眼协调动作，双手上下摆动手腕，会搭积木、涂画、敲打物品、举起重物。

25～30 个月时，双手手指、手腕协调活动进一步发展，可以穿珠子、扣扣子、一页一页地翻书等。

31～36 个月时，双手手指、手腕灵活配合，手眼协调能力得到大幅度的发展，双手可以做许多事情，如剪纸、粘贴、搓泥等。

（二）婴幼儿手眼协调动作的训练方法

眼睛是心灵的窗户，而手是维持生存的重要工具。婴幼儿手眼协调能力的发展与他们所处的环境、成人的教育有着非常密切的关系。为婴幼儿提供丰富的感觉运动经验，帮助婴幼儿协调各种感觉运动，对婴幼儿动作的发展以及整个心理的发展都有着重要意义。

1. 创造婴幼儿手眼协调能力发展的环境

发展婴幼儿手眼协调能力的方法和途径是多种多样的，其中“涂鸦”是十分有效的一种。婴幼儿从 1 岁多就开始喜欢胡乱涂画，我们称之为“涂鸦”。在这个年龄阶段，他们涂鸦的目的并不是想画出什么，只不过是喜欢这种活动而已。涂鸦活动不仅可以丰富婴幼儿的精神生活，激发婴幼儿的创作兴趣，而且可以很好地训练婴幼儿自身的手眼协调能力。因此，父母应捕捉发展孩子手眼协调能力的契机，如婴幼儿的“涂鸦敏感期”“感官敏感期”，为孩子提供必要的创作条件，提供纸、笔、硬片和适合涂鸦的舒适场所，使婴幼儿有更多的创作机会。

2. 提供科学的训练游戏

成人可以利用日常生活和各种游戏活动积极锻炼婴幼儿手眼协调动作能力。如对于较小的婴儿，父母可以先在桌上摆放拨浪鼓、塑料玩具、小汤勺等，鼓动婴儿去抓，再放一件能捏响的玩具，让他用另一只手去抓。对于大一点的婴幼儿，成人可以根据其兴趣，提供用杯子喝水、分格子装彩砂、剥蛋壳、使用筷子、铲沙等多种玩法。对更大一些的幼儿，可以让孩子自己学习使用筷子和夹子、用喷壶浇水、穿袜子、用钥匙开锁、钓磁性小鱼、自己粘粘画，等等。3 岁前的孩子做什么都是“三分钟热度”，训练时应保持他们的兴趣，通过各种方式激发孩子参与的热情。在日常生活中，家长应留心观察，通过各种游戏，让孩子进行这方面的动作练习，不断促进孩子手眼协调能力的发展。

3. 带婴幼儿到大自然中去

成人要经常带婴幼儿到大自然中转一转，会走路的婴幼儿可以让他们捡捡石头、抓抓昆虫、摸摸花草、抱抱大树等，让他们多听一听、摸一摸、看一看、动一动，感受多姿多彩的世界，体会大自然的神奇，这对婴幼儿手眼协调能力的发展非常重要。

知识链接

婴幼儿在不同月龄的精细动作发展如表 2-1 所示。

表 2-1　婴幼儿精细动作发展

月龄	精细动作
新生儿	握持反射——双手紧握拳头，物体碰到手时握得更紧
2 个月	本能抓握、两手握拳姿势逐渐松开
3 个月	抓握玩具、自己玩手、两手握在一起
4～5 个月	伸手抓物、能在手力所能及的范围内把物体放入口中
6 个月	全掌抓握——婴儿用两手全掌各拿一个积木达 10 秒钟以上
7 个月	摆弄小丸——婴儿所有的手指都可弯曲起来摆弄小丸，并能成功抓住小丸
8 个月	拇、食指抓握，会用两手撕纸
9～10 个月	拇、食指抓捏，能抓细小物品
11～12 个月	搭高积木、全掌握笔画画
13～15 个月	放物入瓶、排列积木、自发地乱画
16～18 个月	搭稳积木、瓶中取物、盖瓶盖、拉脱手套和袜子
19～24 个月	逐页翻书、搭高积木、穿过扣眼、正确握笔
25～30 个月	学习折纸、模仿画线和圆
31～36 个月	模仿搭桥、穿珠子、双手手指与手腕灵活配合，可以做很多事情

资料来源：陈雅芳，陈春梅．0～3 岁儿童动作发展与训练［M］. 上海：复旦大学出版社，2014.

本章小结

本章主要介绍了婴幼儿动作发展的规律，即由上到下、由大到小、由中央到边缘、由整体到局部、由无意到有意；阐述了婴幼儿动作的类型，以及先天反射性动作与随意动作对婴幼儿心理发展的影响；重点介绍了婴幼儿粗大动作和精细动作发展的规律和特点以及相应的训练方法。

思考与练习

一、单项选择题

1.（　　）是个体具有一定动机和目的并指向一定客体的运动系统。

A. 动作　　B. 动作发展　　C. 粗大动作　　D. 精细动作

2. 关于婴幼儿动作的描述，正确的是（　　）。

A. 无条件反射性动作是先天的，随意动作也是先天的

B. 无条件反射性动作是先天的，随意动作是后天的

C. 无条件反射性动作是后天的，随意动作是先天的

D. 无条件反射性动作是后天的，随意动作也是后天的

3. 用手指碰触新生儿的嘴唇，新生儿会立即做出吸吮的动作，这叫作（　　）。

A. 觅食反射　　B. 吸吮反射　　C. 抓握反射　　D. 惊跳反射

4. 用手指碰触新生儿的面颊，新生儿会把头转向手指并把口张开，这叫作（　　）。

A. 觅食反射　　B. 吸吮反射　　C. 抓握反射　　D. 惊跳反射

5. 用手指碰触新生儿的掌心，新生儿会紧紧握住不放，这叫作（　　）。

A. 觅食反射　　B. 吸吮反射　　C. 抓握反射　　D. 惊跳反射

6. 强直性颈部反射又称为（　　）。

A. 觅食反射　　B. 吸吮反射　　C. 击剑反射　　D. 惊跳反射

7. 婴儿受惊或头部突然下坠时，会两手向前做拥抱状，这叫作（　　）。

A. 觅食反射　　B. 吸吮反射　　C. 拥抱反射　　D. 击剑反射

8. 惊跳反射又叫作（　　）。

A. 觅食反射　　B. 吸吮反射　　C. 踏步反射　　D. 莫罗反射

二、多项选择题

1. 婴幼儿动作的类型主要包括（　　）。

A. 无条件反射性动作　　B. 随意动作
C. 习得动作　　D. 类比动作

2. 以下属于婴幼儿无条件反射性动作的是（　　）。

A. 觅食反射　　B. 吸吮反射　　C. 拥抱反射　　D. 膝跳反射

3. 婴幼儿动作发展的规律有（　　）。

A. 由整体动作到分化动作
B. 由上部动作到下部动作
C. 由大肌肉动作到小肌肉动作
D. 由中央部分动作到边缘部分动作
E. 由无意动作到有意动作

4. （　　）活动属于精细动作。

A. 双手抓握小球　　B. 自己穿衣系扣
C. 踢球　　D. 扔球

5. 婴幼儿抓握动作的发展特点是（　　）。

A. 由无意识的抓握向有意识的抓握发展
B. 由手掌的尺侧抓握向桡侧抓握发展
C. 由不成熟的抓握模式向成熟的对指抓握模式发展
D. 由抓握物体向放开物体发展

三、简答题

1. 简述婴幼儿精细动作的发展特点。
2. 简述婴幼儿双手协调动作的训练方法。

四、案例分析题

家长为 2 岁半的孩子准备好彩色的小塑料串珠，孩子对漂亮的珠子产生了浓厚的兴趣，拿着珠子左看看、右瞧瞧，爱不释手，看见一旁的毛线就拿起来试着“穿”，不一会儿他高兴地对妈妈说：“看，我把珠子穿起来了。”妈妈蹲下来说：“你太棒了，你是怎么穿起来的，能告诉我吗?”于是，孩子兴奋地一边说着一边演示，把线穿进珠子的小洞里，让线从另外一边钻出来，这样一个接一个穿起来，就是一条“项链”了，孩子玩得不亦乐乎！

请根据以上案例谈谈自己的看法。

第三章　婴幼儿认知的发展

本章结构图

- 婴幼儿认知的发展
  - 婴幼儿感知觉的发展
    - 感知觉概述
    - 婴幼儿感觉的发展
    - 婴幼儿知觉的发展
    - 婴幼儿感知觉能力的培养
  - 婴幼儿注意的发展
    - 注意概述
    - 婴幼儿注意发展的特点
    - 婴幼儿注意的品质与培养
  - 婴幼儿记忆的发展
    - 记忆概述
    - 婴幼儿记忆发展的趋势
    - 婴幼儿记忆策略的形成
    - 婴幼儿记忆发展的特点
  - 婴幼儿思维的发展
    - 思维概述
    - 婴幼儿思维的发生与发展规律
    - 皮亚杰关于婴幼儿思维发展的理论
    - 婴幼儿思维能力的培养

学习目标

知识目标

1. 了解感知觉、注意、记忆、思维的概念、种类及特征等内容。
2. 掌握婴幼儿感知觉、注意、记忆、思维的发展规律及特点。

能力目标

1. 能够根据婴幼儿的月龄和行为表现，分析婴幼儿的认知特点。
2. 能够根据婴幼儿认知特点，实施促进婴幼儿认知发展的早期教育策略。
3. 能够培养婴幼儿良好的注意品质和记忆能力。

素养目标

1. 明确婴幼儿成长是一个系统工程，珍爱生命、敬畏生命。
2. 站在婴幼儿的角度换位思考、逆向思考。

情景导入

为了迎接国庆节，托育园老师们针对不同月龄的小宝宝分别设计了很多有趣的活动，例如：对13～18个月的幼儿开设了认知课“送你一朵小红花”，让幼儿认识红色，学习区分三角形、正方形等不同的形状；对25～36个月的幼儿开设了音乐律动课“红太阳照山河”，有的幼儿学了三天就记住了歌曲，有的则记不准确……如果你是一名托育园老师，尝试评价上述活动的开展是否符合婴幼儿的认知特点。

第一节　婴幼儿感知觉的发展

一、感知觉概述

（一）感知觉的概念

感觉是指人脑对直接作用于感觉器官的客观事物个别属性的反映。感觉是人认识活动的最初阶段，人对客观世界的认识通常是从认识事物的一些简单属性开始的。例如，当把一个苹果放在婴幼儿面前时，他是如何感知的呢？可以用眼睛看到红红的颜色（视觉）；

用鼻子闻到果香（嗅觉）；用手触摸到光滑的质感（触觉）；用嘴巴尝到甜甜的滋味（味觉）……红色、果香、光滑的质感、甜甜的滋味等都是苹果的一些个别属性，人的大脑接收和加工这些属性，进而认识这些属性，感觉就产生了。

知觉是人脑对直接作用于感觉器官的客观事物的整体属性的反映。例如，看到一个苹果、听到一首儿歌、闻到茉莉花香，知道这些东西的意义都是知觉现象。知觉以感觉作为基础，但它不是个别感觉信息的简单相加，而是对诸多感觉信息进行整合后的反映。

例如，一个人走在街头，突然闻到一阵特殊的臭味，于是就寻着味道来到一个小摊前。他看到一块块黑里透着金黄的小方块，用手摸摸小方块，很酥脆，吃起来外焦里嫩、非常可口，这些就是感觉。小摊的老板介绍说这是“臭豆腐”，这个人把以上用鼻子、眼睛、手和嘴巴等感官接收到的感觉综合起来，并结合自己之前已有的一些经验，把这种东西认知为“臭豆腐”，这就是知觉。

感觉和知觉既有联系，又有区别。感觉是知觉的基础，知觉是感觉的深入。感觉越是丰富精细，知觉就越是正确完整。个体总是以知觉的形式直接反映事物，感觉只是作为知觉的组成部分存在于知觉之中，因此，通常会把感觉和知觉统称为感知觉。

知识链接

感官教育

感官教育（感觉训练）在蒙台梭利的教育体系中占有最重要的地位，也是她教育实验的主要组成部分。蒙台梭利认为，对于婴幼儿来说，“刺激，而不是对事物的思维，吸引着他的注意”，因此感官教育符合婴幼儿心理发展的需要，是重要的；蒙台梭利还认为，“智能的培养首先依靠感觉……感觉练习是初步的基本的智力活动。通过感觉的练习使婴幼儿能辨认、分类、排列顺序，这就是智能和文化学习”。算术、书写、言语，甚至实际生活能力、良好秩序的规范都由感官教育引出。另外，通过感官教育可以在早期发现婴幼儿在感觉机能的某方面所存在的欠缺，以便及时治疗和纠正。

有不少实验证明认识能力的培养应从感觉训练开始，感觉发展得越好，接收的外界信息越多，认知能力就越能得到发展，因此不少心理学家和教育家认为蒙台梭利强调婴幼儿的感觉训练是符合人的认识发展规律的。有些实验研究还证明在蒙台梭利学校接受了训练的婴幼儿经过“斯坦福-比奈智力测验”检测，智力一般有所提高，在知觉方面尤佳。从教育史角度讲，蒙台梭利的方法确有创见。例如，卢梭的自然教育论以自然后果作为道德自我教育的方法，蒙台梭利将其从德育扩展到智育，主张让婴幼儿在自我操作和摸索中，通过“教具的控制错误”，达到智慧的自我教育，这对以后的个体化教学是一个启发。又如文字书写的学习，裴斯塔洛齐主张让婴幼儿从通过绘画实现对“形”的掌握过渡到文字的书写，蒙台梭利则让婴幼儿从进入“儿童之家”的第一天起，就通过有计划的感官训练，在不知不觉之中“爆发式”地学会书写，效果比常规的训练方法要好得多。

（二）感知觉的种类

1. 感觉的种类

根据刺激来源的不同，可以将感觉分为外部感觉和内部感觉。外部感觉主要反映的是来自体外的刺激的个别属性；内部感觉主要反映的是来自个体内的刺激的个别属性，如个体自身的位置、运动和内脏器官的不同状态。如图 3-1 所示。

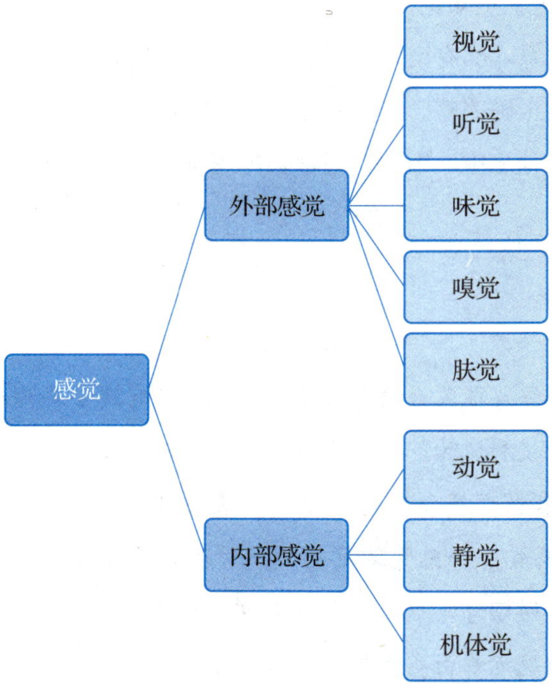

图 3-1　感觉的种类

视觉指物体的影像刺激视网膜所产生的感觉。其形成的过程为：光线→角膜→瞳孔→晶状体（折射光线）→玻璃体（支撑、固定眼球）→视网膜（形成物像）→视神经（传导视觉信息）→大脑视觉中枢（形成视觉）。

听觉指声音通过听觉系统的感受和分析引起的感觉。听觉是由耳、听神经和听觉中枢的共同活动来实现的。耳是听觉的外周感受器官，由外耳、中耳和内耳耳蜗组成；外耳和中耳是传音系统，内耳是感音系统。

味觉指人口腔内的味觉器官化学感受系统受到食物的刺激而产生的一种感觉。味觉的适宜刺激是能溶解的、有味道的物质。当味觉刺激物随着溶液刺激到味蕾时，味蕾就将味觉刺激的化学能量转化为神经能，然后神经能沿舌咽神经传至大脑中央后回，引起味觉。

嗅觉由两种感觉系统参与，即嗅神经系统和鼻三叉神经系统。嗅觉和味觉会整合和互相作用。嗅觉是外激素通信实现的前提。嗅觉感受器位于鼻腔顶部，叫作嗅黏膜，这里的嗅细胞受到某些挥发性物质的刺激就会产生神经冲动，冲动沿嗅神经传入大脑皮层而引起嗅觉。

肤觉指皮肤受到物理或化学刺激而产生的触觉、温度觉和痛觉等皮肤感觉的总称。人们通常将触觉、温觉、冷觉和痛觉看作是几种基本的肤觉。

动觉也叫运动感觉，是对身体各部位的位置和运动状况的感觉，也就是肌肉、肌腱和关节的感觉，即本体感觉。它反映身体各部分的位置、运动状况以及肌肉的紧张程度，是内部感觉的一种重要形态。

静觉也叫前庭觉或平衡觉，是对婴幼儿成长和学习发展影响最大的一种能力。前庭是脸的正前方，传达视听嗅味等信息，这些信息的处理中心在后颈部脑干（大脑中枢神经）前方的前庭神经核。因为前庭神经核是大脑信息的守门器官，任何信息进入大脑，必经前庭神经核过滤，加上又要处理前庭信息，所以它是大脑功能最为重要的“守护神”，通常称为前庭体系。前庭器官受到过强或过长的刺激，或刺激未过量而前庭功能过敏时，常会引起恶心、呕吐、眩晕、皮肤苍白等现象，称为前庭自主神经反应，具体表现为晕船、晕车和航空病。

机体觉又称内脏感觉，指机体内部器官受到刺激而产生的感觉，其属于第六感觉范畴。当各种内脏器官工作正常时，各种感觉融合为一种感觉，称为自我感觉。可单独划分出来的机体觉有饥、渴、气闷、恶心、窒息、牵拉、便意、胀和痛等。

2. 知觉的种类

根据知觉对象的不同，可以将知觉分为对“物”的知觉（物体知觉）和对“人”的知觉（社会知觉），如图 3－2 所示。

空间知觉指对物体距离、形状、大小、方位等空间特性的知觉，是用多种感官进行的复合知觉，主要包括距离知觉、方位知觉、形状知觉等。

时间知觉指对客观现象延续性和顺序性的感知。时间知觉的信息，既来自外部，也来自内部。外部信息包括计时工具，也包括宇宙环境的周期性变化，如太阳的升落等。内部标尺是机体内部的一些有节奏的生理过程和心理活动，神经细胞的某种状态也可成为时间信号。

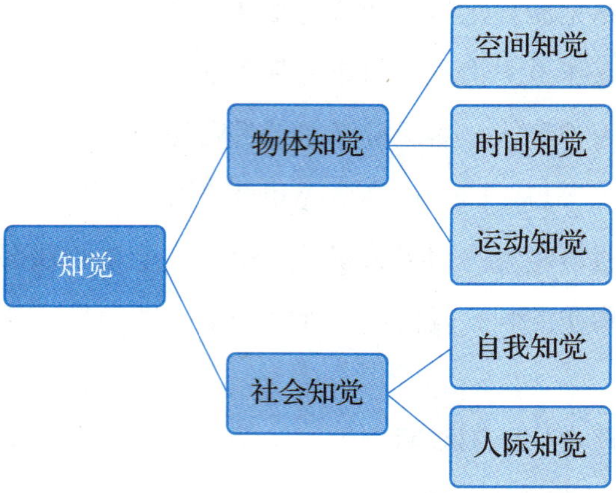

图 3-2　知觉的种类

运动知觉指物体的运动特性在人脑中的直接反映。运动知觉包括对物体真正运动的知觉和似动。真正运动，即物体按特定速度或加速度从一处向另一处做连续的位移，由此引起的知觉就是“对真正运动的知觉”。“似动”指在一定的时间和空间条件下，人们把静止的物体看成运动的。

自我知觉指个体对自己的认识，以自我为认识的对象，也指一个人通过对自己行为的观察得出的对自己心理状态的认识。自我知觉理论认为，人们通过自己的行为和行为发生的情境了解自己的态度、情感和内部状态。也就是说，我们对自己内部状态的了解，也像他人了解我们一样，都是通过我们的外显行为进行的。

人际知觉指对人与人之间关系的知觉，包括对人的外部特征、个性特点及行为的判断和理解。这种知觉主要是在人际交往中发生的，以各种交际行为为知觉对象。交际行为指人们在交往中相互接触和交换的言语、态度与动作，包括礼节、交谈、表情、援助、侵犯等行为。

（三）感知觉的特性

1. 感觉的特性

（1）不同的人感觉能力不一样。

感受性即感觉的能力。不同的人对同等强度刺激物的感觉能力是不一样的。感受性高的人能感觉到的刺激，感受性低的人不一定能感觉到。例如，有经验的染色工人能辨别出几十种不同的黑色，而一般人则很难分辨。一个人感受性的高低不是一成不变的。同一个人在不同条件下，对同一刺激物的感受也可能会有所不同。

（2）感受性是变化的。

感受性的变化有下列几种情况：

1）感觉的适应。

适应是指刺激物的持续作用引起的感受性的变化。这种变化可以是感受性提高，也可以是感受性降低。通常，强刺激可以引起感受性降低，弱刺激可以引起感受性提高。此外，持续的刺激可引起感受性的下降。例如，当你从光亮处走进电影院时，起初伸手不见五指，要过一段时间才能慢慢看清周围的东西，这是视觉感受性提高的暗适应。反之，从暗处走到光亮的地方，最初强光使人目眩，什么也看不见，但过一会儿视力就会恢复正常，这是视觉感受性降低的明适应。除了视觉适应外，还有嗅觉、味觉等其他感觉的适应。古语说“入芝兰之室，久而不闻其香”“入鲍鱼之肆，久而不闻其臭”，这就是嗅觉的适应。适应现象具有很重要的生物学意义，它能使人在变化万千的环境中做出精确的反应。

2）感觉的相互作用。

感觉的相互作用一般是指一种感觉的感受性因其他感觉的影响而发生变化的现象。这种变化可以在几种感觉同时产生时发生，也可以在先后几种感觉中发生。一般的变化规律是：微弱的刺激能提高对同时起作用的其他刺激的感受性，而强烈的刺激则会降低这种感受性。如轻微的音乐声可提高视觉的感受性，强烈的噪声会导致对光的感受性降低。

感觉的相互作用也可以发生在同一种感觉之间，最明显的就是对比现象。如“月明星稀”，月亮明亮时星星看起来就比较稀少，月亮晦暗时星星就显得更多；灰色的长方形放在黑色背景上看起来要比放在白色背景上更亮些。这些是同时性对比。在吃过甜点心之后再吃苹果，苹果变得发酸，而吃了酸苹果之后再吃甜点心，点心就显得格外甜，这是相继性对比。

教师在使用直观教具和组织教学时，应充分考虑感觉的相互作用和对比规律。例如，浅色的教具可放在黑板前演示，深色的教具可放在白墙前演示。要更好地区分出地图上的不同位置，就可以采用红、绿或黄、蓝等对比色。在组织幼儿观察自然现象、图片或阅读故事时，教师讲解、提示的声音不宜过高，周围不能有人大声喧嚷，以免影响学习效果。

（3）感受性经过训练可以提高。

前面提及的两种感受性的变化都是暂时的，有一定的时限。要使个体感受性从根本上有所提高，则要依靠实践活动训练。在人们的工作和生活实践中，因实践活动需要，对某种感觉做长期的、精细的训练，能使感受性大大提高。如炼钢工人能够根据钢水的火花判断炉内温度的高低；染料工人能够分辨出几十种浓淡不同的黑色；有经验的面粉工人能够单凭触觉摸出面粉的质量，辨别出这种面粉是由哪个地区生产的麦子磨成的。此外，由于某种原因而丧失一种感觉能力的人，他们的其他感觉能力会由于代偿而得到特殊的发展。如聋哑人的视觉一般特别敏锐，盲人的听觉和触觉往往特别发达。所有这些事例都说明，人的各种感觉能力都蕴藏着极大的发展潜力，经过专门训练可以不断发展和完善起来。

婴幼儿的游戏活动能有效地促进他们感受性的提高。如音乐、朗读能发展婴幼儿的纯音听觉和语音听觉能力，绘画能发展婴幼儿的视觉能力，手工、泥塑能发展婴幼儿的触觉能力，体育能发展婴幼儿的动觉、静觉能力等。托育机构的保教人员要充分利用各种教具和材料，有意识地对婴幼儿的各种感觉能力加以训练和培养。

2. 知觉的特性

（1）知觉的选择性。

知觉的选择性是指人在知觉过程中把知觉对象从背景中区分出来优先加以清晰地反映的特性，也就是选择知觉某个对象，而忽略其他，强调对象与背景的关系。在一种情况下是知觉对象的刺激物，在另一种情况下则成为知觉的背景。如图 3－3 所示，如果我们把图形中的白色部分看成一个杯子，那么图形中的黑色部分就成为知觉的背景；反之，如果我们把图形中的黑色部分看成是两个侧面的人脸，那么它的两侧就成为知觉的对象，而中间的白色部分就成为知觉的背景。这也可以解释为什么婴儿在“抓周”时，面对琳琅满目的东西，会对颜色鲜艳的东西比较感兴趣并抓取在手中的现象。

图 3－3　知觉的选择性

（2）知觉的整体性。

知觉的整体性是指知觉的对象是由不同部分和属性组成的，但我们总是把客观事物作为整体来感知，即把客观事物的个别特性综合为整体来反映，也就是看到部分而知整体。我们从下面的点子图中可以看出来，尽管这些点之间没有线段的联结，但仍能看到一个三角形和一个长方形（见图 3－4）。生活中，我们对熟悉的人的感知，其面部特征是感知人体外貌的强的刺激部分。只要认得人的面部特征，不管他的发型、服饰等如何变化，只要面部没有变化，就不会认错人。

图 3-4　知觉的整体性

（3）知觉的理解性。

知觉的理解性是指在知觉过程中，人们总是根据已有的知识经验来解释当前知觉的对象，并用语言来描述它，使它具有一定的意义，也就是基于自身经验认识事物，强调经验与对象的关系。如同一本小说，不同的读者理解不一样，“一千个读者心中有一千个哈姆雷特”；看到一幅画，小孩看到的往往是画面上人物的形象，而大人则更关注人物背后的关系。

（4）知觉的恒常性。

知觉的恒常性是指在知觉过程中，当知觉的条件在一定范围内发生变化时，人的知觉的映象仍然保持相对不变的特性，包括亮度恒常性、颜色恒常性、形状恒常性、大小恒常性、方向恒常性、声音恒常性等，它强调条件与对象的关系。如一个实际身高为 180 厘米的人，距离我们分别为 3 米、5 米、15 米时，尽管在视网膜上的像不一样大，但我们看这个人的大小总是不变的。

二、婴幼儿感觉的发展

（一）视觉

1. 视觉的发生

视觉刺激能够为人与他们所处环境的联系提供极为重要的信息，在这一方面，各个领域的研究都比较多。过去认为，婴儿在出生 2 周左右才能看见东西，而现在大量的研究证明，视觉最初发生的时间应当在胎儿中晚期。4～5 个月的胎儿已有视觉反应能力以及相应的生理基础。当用强光照孕妇腹部时，会发现胎儿有闭眼的动作及胎动明显增强。34 周的早产儿视觉功能已和足月新生儿相似。因此可以说，新生儿已具备了一定的视觉能力，获得了基本视觉过程。

2. 视觉集中的发展

出生 3 周的新生儿视觉集中能力尚未形成，主要原因是眼肌不能很好地协调运动，从而导致两眼活动不协调，很难将视觉焦点集中在某一个客体上。这个阶段要防止出现斜视。

3 周以后，婴儿能够将视觉集中在物体上，但是集中的时间偏短。2 个月左右，婴儿能比较协调地注视物体，在一定范围内眼球能追随着物体移动。3 个月左右，婴儿能追寻人或其他活动的物体，建立头部与眼部的反射关系，当注视某一物体时，眼球在追随目标物转动时，头部也能跟着移动。4 个月左右，视觉集中的水平基本上能够接近成人。婴儿的视觉集中能力在出生后的 6 个月间不断发展提高。视觉集中的时间和距离都随着月龄的增长而发展；同时对物体从被动感知发展为主动搜寻。

3. 视敏度的发展

视敏度就是平时我们所说的“视力”，是指眼睛能分辨最小物体或物体细节的能力。新生儿视敏度较差，很难对视觉对象进行有效的聚焦，其视觉对象投射在其视网膜上的影像是模糊的，甚至是重叠的。

随着视觉皮层的神经细胞快速递增，婴儿的视敏度快速发展。一般认为 2 个月以内的婴儿，最佳注视距离是 15～25 厘米，差不多是母乳喂养时妈妈面孔与新生儿之间的距离，距离太远或太近就看不清楚，因此在悬挂玩具或其他适合新生儿观察的物品时最好放在距离婴儿眼前 20 厘米处。2 个月以后，婴儿开始按物体的不同距离调节视焦距。4～6 个月时已能对近的和远的目标聚焦，视觉敏感度已和成人差不多，以后还会不断增强。出生后的半年是婴儿视敏度发展的关键期，也是成人早期发现婴儿视力发育缺陷和进行早期干预的关键期，错过这一时期有可能造成无法挽回的影响。4～5 岁后视敏度趋于稳定。

4. 颜色视觉的发展

颜色视觉指辨别颜色细微差异的能力，也叫辨色力。婴儿出生后颜色感知随即发生，新生儿一开始就能分辨简单的颜色刺激，能看到灰色、黑色和白色等颜色。2 个月内，颜色视觉有很大发展。研究者曾做过如下实验，向 3 个月大的婴儿呈现两个除了颜色不同之外其他地方一模一样的圆盘，一个圆盘是灰色的，另一个是彩色的，测量婴儿分别注视两个圆盘的时间，结果发现婴儿注视彩色圆盘的时间几乎是注视灰色圆盘的两倍。这说明婴儿已经能够分辨灰色和彩色，并且更偏爱彩色。

研究者已经确定在婴儿 1 个月时甚至在一出生时，其眼球中感知红色和绿色的锥体细胞就已经出现，但对来自蓝色椎体细胞的信息未能有效利用，因此对蓝色不敏感，所以在婴儿 3 个月之前进行颜色视觉练习时尽量不要选择蓝色。随着视网膜内柱状细胞和锥体细胞的良好发展，3 个月的婴儿已经获得三色视觉辨别能力，并对红、黄、绿、蓝色等较敏感；4 个月时颜色的感知能力已经接近成人，以后在辨别颜色的准确性方面继续发展。在颜色偏好方面，红颜色特别能够引起婴儿的兴奋，4～8 个月的婴儿比较偏好暖色和明亮的颜色，不喜欢冷色和暗淡的颜色。

幼儿在 2 岁左右能认识一些颜色，但还不能很好地区分一些近似色；3 岁左右能说出颜色的名称。在教育和早期干预的影响下，婴儿颜色认知发展还可大大提前和加速。但是 3 岁的幼儿还不能很好地区分各种颜色的色调，4 岁时区分各种色调细微差别的能力逐渐发展，以后随着年龄的增长色调辨别能力不断提高。

5. 视觉偏好

婴儿偏爱鲜艳的色彩，容易关注运动变化的物体，喜欢物体轮廓线密集的部位，偏爱黑白对比鲜明的图案，喜欢同心圆。与其他的刺激相比，婴儿更喜欢注视面孔，面孔是婴儿所接触的最复杂的刺激。视觉偏好说明婴儿对外部事件具有选择性，这丰富了婴儿的早期环境。

研究表明，婴儿的面孔识别能力存在两种偏好：面孔偏好和吸引力偏好。

面孔偏好是指婴儿注视面孔刺激的时间长于非面孔刺激的时间。出生后几个小时甚至是几分钟的婴儿就能够表现出面孔偏好。在 1 岁以内，这种面孔偏好随着月龄的增加呈现出类似“U”形的发展曲线：在婴儿 1 个月左右时“似乎”会消失，或者较难观察到，而在 2 个月左右时则重新出现。

吸引力偏好是指婴儿注视有吸引力面孔的时间长于注视无吸引力面孔的时间。研究表明，新生儿能通过视觉线索辨认出自己的母亲。新生儿在出生后的几小时内就能学会识别母亲面孔的视觉特征。对面孔知觉的再认可以帮助早期的婴儿辨认自己的母亲，这有助于婴儿建立早期的社会性关系，适应环境。

（二）听觉

1. 听觉的发生

相关生理、心理研究结果表明，听觉在胎儿 5～6 个月的时候就已经形成。曾经有过一个胎儿听觉实验，其结果表明，当外界声音通过空气传导或母体骨传导等不同方式被胎儿感知后，胎儿对母亲发出的元音最敏感、反应最强烈。而婴儿出生后即可表现出对母亲语音的辨识能力，这说明他们很早就开始接受并熟悉这些声音了。

2. 听觉敏度的发展

新生儿从一出生就有听觉，并且听觉敏度要比其视敏度高。研究显示，在正常人声的音调和声强范围内，新生儿听得跟成人一样清楚，若在睡眠中被声音打扰，会产生眼睛张开并哭泣的惊吓反应。只有在听到高音调的声音时，他们的听觉敏度会比成人差，高音调的声音必须达到一定的声强才能使新生儿听清楚。2 个月以后，婴儿对声音的接受度逐渐提高，能够习惯生活中常见的声音。3 个月左右时，婴儿能辨认出父母的声音，能很快学会识别他经常听到的词语，对最熟悉的声音较有感觉，对声音的来源产生兴趣。研究发现，以人声和物体的声响比较，婴儿更喜欢听人的声音、母亲的声音、柔和的声音。在 4～6 个月时，婴幼儿听觉阈限继续下降，对较低的声音也逐渐敏感起来，听力越来越灵敏，对声音的定位能力也大幅提高。6 个月左右时，婴儿逐渐开始理解一些口语词汇，可转头寻找近处闹钟的滴答声，并开始对电视节目声出现定向反射。7～9 个月时，婴儿的听觉阈限继续降低，在 8 个月大的时候他们会表现出对音高差异的感受能力，最典型的反应是低频声音对他们能起到安抚的作用。9～10 个月的婴儿开始能够对简单的请求做出反应，如招手、再见、谢谢等。1 岁左右的婴幼儿开始能够辨别出微小的声强变化，他们的听觉阈限不断地变低，对声音的感受不断增强，对微弱的声音越来越敏感，并能够配合声音的节奏做动作，会听从声音的指令。到 2 岁左右，幼儿已经具备听觉记忆的能力，配合语言发展可与他人进行对话。

3. 听觉偏好

婴幼儿对于语音和音乐的偏爱是先天性的。研究发现，1～2 个月的婴儿似乎已经偏爱乐音（有规律而和谐的声音），而不喜欢噪声（杂乱无章的声音）；2 个月以上的婴儿更喜欢优美舒缓的音乐，而不喜欢强烈紧张的音乐，因此贝多芬的音乐比摇滚乐更适合这个时期的婴儿；7～8 个月的婴儿已经会跟着音乐的节拍而舞动四肢和身体。婴幼儿喜欢听说话的声音，尤其喜欢听母亲说话的声音。即使是出生只有 3 天的新生儿，也能表现出对母亲声音的偏好。研究发现，新生儿听母亲的录音时比听另一个妇女的录音时，吸奶速度更快、更有力。婴幼儿喜欢安详、愉快、柔和的语调，而对生硬、呆板、严厉的声音则会表现出烦躁、不安。

（三）触觉

触觉是最先获得的感觉。胎儿在第 12 周时就已经有了触觉反应；14 周左右，触觉神经会布满胎儿的全身；32 周时，胎儿身体的各个部位都能感觉到触碰。出生时，新生儿已经具有触觉反应，多种无条件反射也都有触觉参加，如吸吮反射、拥抱反射、抓握反射等。触觉刺激主要分为皮肤表面受到的轻压或轻触以及重压或重捏等刺激，婴幼儿的脸部对压力最为敏感，所以不要对婴幼儿的脸部进行揉捏。抚养者良好的触觉解读能力可以帮助婴幼儿建立安全感和稳定的情绪。所以一般情况下，通过抚触，可以让新生儿安静下来，感受到被爱的感觉，这也是母婴互动的一种重要方式，可以增强母婴的情感联结。

对于新生儿和1岁前的婴儿而言，口腔是他们最主要的触觉器官。1岁后，手成为主要的触觉器官。

1. 口腔的触觉

婴儿在1岁前，主要依靠口腔来探索世界和认识世界，所以，当婴儿用嘴啃玩具等物品时，不要阻止他，因为这个时候他在思考问题。例如，2个月大的婴儿在吸吮时，对熟悉的物品吸吮的速度逐渐减低，出现了习惯化现象，换了新物品后，他又会用力吮吸，出现了去习惯化现象。这表明，1岁前的婴儿已经有了口腔触觉的探索活动，口腔触觉有了辨别力。当婴儿手的触觉探索活动发展起来以后，口腔的触觉探索逐渐退居次要地位；但在婴儿满周岁之前，口腔触觉仍然是他认识物体的重要手段。可以说，在相当长的时间内，婴儿都是以口腔的触觉探索作为手的触觉探索的补充。比如，6个月以后的婴儿看见了东西，往往抓住并放进嘴里；部分1～2岁的幼儿，在地上捡起一些物体，也会往嘴里送。

2. 手的触觉

手的触觉是人通过触觉认识外界的主要渠道。换句话说，触觉探索主要是通过手来进行的。婴儿出生后有本能的触觉反应。比如，抓握反射就是手的触觉的表现，这是一种无条件反射。无条件性的抓握反射随着婴儿的生长发育会自然消失。接着出现的是手的无意性抚摸，即当婴儿的手无意地碰到东西，如碰到被子的边缘时，他会沿着边缘抚摸被子。这是一种无意的触觉活动，也是一种早期的触觉探索。手眼协调动作的出现，即视觉和手的触觉协调活动的出现，是6个月内婴儿认知发展的重要里程碑，也是手的真正触觉探索的开始。自此之后，婴幼儿便开始主动积极地用手去探索周围世界，有些大人会觉得冬天婴幼儿的手露出来会比较冷，经常用手套裹住其双手，其实这不便于婴幼儿用手去探索世界，不利于其认知的发展。

知识链接

触觉防御

触觉防御是指大脑对触觉过度敏感，即使是轻轻的触摸动作，例如拍肩、摸头、握手等，都很容易被婴幼儿大脑解释为重重的拍打，因而引起婴幼儿的反抗或反感。触觉防御所导致的反应会影响婴幼儿的生活质量，例如触觉防御型的婴幼儿可能会对一些特定的活动相当排斥，会抗拒洗头发、理发、洗脸、剪指甲等各种有关触觉的事情，不喜欢玩沙子，不愿尝试不同质地的衣物，对于同伴友善的拥抱或轻触会因为触觉信号的放大而不自在，影响同伴交往。对于触觉防御型的婴幼儿，可以在帮他洗头发、洗脸、洗澡前或在他睡觉前，用手或柔软的毛巾，柔和地触压或按摩其头、手、脚或背部，这些刺激具有安定神经的作用，有助于促进其对触觉的接受。

资料来源：徐千惠．0～3 岁婴幼儿照护与保育［M］. 上海：复旦大学出版社，2020.

（四）嗅觉和味觉

嗅觉是由有气味的物质引起的，是人类基本的感觉之一。胎儿 6 个月大时即有嗅觉功能，并能将母亲的气味保存在记忆中，所以出生后当闻到母亲的气味时会感到很快乐，且能通过嗅觉来辨认母亲。此外，新生儿的嗅觉具有鉴别能力，会对不同的气味表现出不同的反应。如当闻到风油精、酒精或醋等强烈或刺激的气味时会将头转开或皱眉，但当闻到母乳的香味时则会将头转向或钻进母亲怀里，且能分辨出母亲的乳汁与其他妇女乳汁的味道，所以嗅觉也可以说是新生儿寻找母亲乳房或食物来源的侦测器。

胎儿 8 个月大时即有味觉能力，出生时已有完整的味觉功能，所以新生儿有能力分辨甜、酸、苦、咸四种基本味道，并通过面部表情和身体活动等方式对基本味道做出反应。例如，婴幼儿一直喝母乳，忽然有一天妈妈母乳不够，改换奶粉时，会发现婴幼儿一时之间很难适应，因为他们已经记住了母乳的味道。研究表明，婴幼儿的味觉敏感期通常发生于 4～7 个月。这个时期也是添加辅食的时期，婴幼儿会对食物产生巨大的兴趣。在这个阶段，婴幼儿不仅通过味道来认识世界，也通过品尝行为认识自己，产生自我认知意识，所以这是婴幼儿非常重要的成长时期。在四种基本味道中，婴幼儿对甜味的偏爱是与生俱来的，带甜味的水可以安抚哭闹的婴幼儿，让其安静下来，不仅如此，甜味还能诱发婴幼儿的口腔运动以及增加手与嘴的接触。婴幼儿时期所形成的味道偏爱会持续到儿童早期。

（五）痛觉

痛觉，是有机体受到伤害性刺激所产生的感觉，也是一种很难产生感觉适应性的感觉。痛觉具有重要的生物学意义，是有机体内部的警戒系统，能引起防御性反应，对机体具有保护作用。一般认为疼痛的产生有三大条件：（1）伤害或过强刺激的刺激量；（2）痛觉阈限；（3）痛的情绪。婴幼儿的痛觉随着年龄的增长而发展，其痛觉感受性也会越来越高。例如，护士在采足底血的时候，刚出生的新生儿似乎对这么强烈的刺激没有什么感觉，只是像绵羊一样地叫了下，这声绵羊叫似乎是因为护士采血打扰到他睡觉而不是因为他感觉到了疼痛。紧张、恐惧、伤心、焦虑等都会影响婴幼儿对疼痛的耐受性。周围环境可能对婴幼儿的疼痛情绪起到暗示作用。例如，1 岁内的宝宝去打预防针，本来是不哭的，但当看到周围的小哥哥小姐姐因为打了预防针而哭时，他们也会撕心裂肺地哭起来。当婴幼儿摔倒时，如果四下无人，他们会立马站起来继续玩耍，但如果这时奶奶正好看到，赶忙上前露出疼惜的表情，他们就会哇哇大哭起来。因此，如果孩子摔倒，预料到伤得不重，成人可以露出镇静的表情，并鼓励孩子自己站起来。

三、婴幼儿知觉的发展

婴幼儿知觉的发展包括物体知觉和社会知觉的发展。物体知觉主要集中于空间知觉和时间知觉。关于社会知觉的内容将在第六章“婴幼儿个性的发展”详细介绍，这里不再阐述。

（一）空间知觉

空间知觉包括对形状、大小、距离、方位等空间特性的知觉，需要视觉、听觉、运动觉等多种感觉器官的联合作用才能逐步形成。

1. 形状知觉的发展

形状知觉是指人对物体轮廓和边界的感知能力。下面将从形状恒常性和形状偏好两个方面简单介绍。

（1）形状恒常性。

托马斯·鲍尔的研究显示，50～60 天的婴儿已经具有了形状恒常性。鲍尔运用条件反射做过一个经典的实验，他最早训练 2 个月的婴儿在看见特殊的长方形时转头，建立一种条件反射，然后向他们呈现这个长方形倾斜的形象，看婴儿是否对这些倾斜过的长方形做出同样的反应。结果发现虽然在视网膜上这些倾斜的长方形已经变成了梯形，但 2 个月大的婴儿确实持续对这些倾斜过的长方形做出转头反应，表明他们具备了一定的形状恒常性知觉。卡伦等（1979）采用习惯化和去习惯化的研究范式发现 3 个月的婴儿具有形状恒常性。用同样的方法进一步研究发现，新生儿已具有形状恒常性。

（2）形状偏好。

婴儿对形状具有一定的偏好，很小的婴儿已能辨别不同的形状。研究表明，婴儿可以通过视觉辨别图形，还可以通过口腔触觉辨别奶嘴的形状。有研究者做过实验，让 2 个月的婴儿注视三角形的图形和靶心图，发现婴儿对两个三角形注视时间相同，而对三角形和靶心图注视时间不同，由此认为，婴儿能区别三角形和靶心图两种不同的形状。也有心理学家以 6～11 周的婴儿为对象进行实验，给他们呈现圆点图、方格图和线条图三类图片，复杂程度都不同。结果发现，月龄小的婴儿倾向于注视中等复杂的图片，月龄大的婴儿倾向于注视比较复杂的图片。由此可见，随着月龄的增长，婴儿所偏好的图案的复杂程度逐步提高。还有研究表明，0～6 个月的婴儿对有图案的圆盘注视的时间更长，与模糊的图案相比，更喜欢清晰的图案；与静止的图案相比，更喜欢活动的图案；与直线相比，更喜欢曲线。

生活中有各种形状的物体，对于 1 岁以内的婴儿，抚养者在日常照料的过程中，可以引导婴儿去看不同颜色、不同形状的生活用品和玩具。长大一些后，可以让婴儿试着去触碰和抓握不同形状的物体。特别是 5、6 个月后，随着婴儿能手眼协调地抓握物体，孩子开始积极地感知物体的外形，要让孩子多看、多摸和多摆弄各种不同形状的物体或玩具，把视觉信息和手的触摸印象联系在一起。随着年龄的增长，婴幼儿能够由简单到复杂逐渐认识和区分不同形状的物体。一般在 3 岁左右，幼儿开始能感知圆形、正方形、长方形等；4 岁左右，能分辨半圆形、梯形等；5 岁左右，能分辨平行四边形、菱形和椭圆形等。

2. 大小知觉的发展

大小知觉是指人对物体大小的感知能力。有研究表明，婴儿已经具有对物体大小知觉的恒常性。皮亚杰和英海尔德认为婴儿在 5～6 个月时才有大小恒常性，但鲍尔却用条件反射的方法发现 2 个月的婴儿已经具有大小恒常性。他以 6～8 周的婴儿为被试，利用一个特制仪器训练婴儿通过转动头部来引起成人的反应，当婴儿转头时，成人先出现在婴儿的视野中，然后消失，因为婴儿都喜欢“藏猫猫”的游戏，所以很快就能学会转动头部让成人出现。然后，在离婴儿 1 米远处放一个边长 30 厘米的小立方体，只有立方体出现时，才对婴儿的转头行为进行强化。接着，把小立方体移至 3 米远处，它在视网膜上的成像比 1 米时要小，又在 3 米处放一个边长 90 厘米的大立方体，它在视网膜上的成像与 1 米处的小立方体大小相等。鲍尔推测如果婴儿具有大小恒常性，应该对边长 30 厘米的小立方体转头，如果婴儿没有大小恒常性，只是依据视网膜上的成像大小进行反应，则对边长 90 厘米的大立方体也会转头。结果发现，婴儿对边长 30 厘米的小立方体的反应次数比对边长 90 厘米的大立方体多 3 倍。

6 个月的婴儿已经能辨别大小，且区分物体大小的能力随年龄的增长而迅速提高。婴幼儿对物体形状和大小的认知发展是以知觉的恒常性为基础的。2 岁半至 3 岁的孩子已经能够按语言指示拿出大皮球或小皮球，3 岁以后判断大小的精准度有所提高。为促进婴幼儿大小知觉的发展，家长们可以常常鼓励婴幼儿按照物体量的特征对物体进行分类、摆放。

3. 距离知觉的发展

距离知觉是指人对物体的凹凸或远近的程度的知觉。距离知觉属于三维空间的知觉，不仅能够感知物体的长和宽，还能感知物体的深度、距离和凹凸等。那么，个体是如何感知物体的距离与深度的呢？一般情况下依据的条件有三类：（1）肌肉线索；（2）单眼线索；（3）双眼线索——双眼视差。

对于婴幼儿，心理学家主要通过视觉悬崖实验、给婴儿看电影等实验方法研究其具备距离知觉的时间。沃克和吉布森（Walk & Gibson，1961）利用视崖装置进行了一项研究婴幼儿深度知觉的实验。实验表明，6 个月甚至是更早的婴儿已经具备了深度知觉。约纳斯和奥斯利（Yonas & Owsley，1987）通过给婴儿看电影的研究方法来探究更小月龄的婴儿是否具备距离知觉。电影中有一个物体正向婴儿移动，马上就要碰到婴儿，观察婴儿是否有退缩的表现。研究发现，3 个月左右的婴儿表现出退缩行为，说明 3 个月的婴儿已经具有了距离知觉。后来又有研究者运用改进后的视崖实验对 2 个月和 7 个月的婴儿进行研究，研究发现 7 个月的婴儿在接近深侧时，心率加快，表现出恐惧。但 2 个月的婴儿心率在深侧时要比处于浅侧时低。实验表明，2 个月的婴儿已经能够察觉到深侧和浅侧的深度差异，但他们只是注意到悬崖，还没有从悬崖掉落的恐惧感。

深度知觉会影响婴幼儿对危险的判断，对婴幼儿来说非常重要。婴幼儿可以分清他们所熟悉的物体或场所的远近，但对于比较广阔的空间距离，他们还不能正确认识。

知识链接

有趣的视崖实验

视崖实验装置的中央有一个能容纳会爬的婴儿的平台，平台两边覆盖着厚玻璃。平台与两边厚玻璃上铺着同样黑白相间的格子布料。一边的布料与玻璃紧贴，不造成深度，形成“浅滩”；另一边的布料与玻璃相隔数尺距离，造成深度，形成“悬崖”。

这项研究的被试是 36 名年龄在 6～14 个月之间的婴儿和他们的母亲。每个婴儿都被放在视崖的中间板上，先让母亲在“悬崖”一侧呼唤自己的孩子，然后再在“浅滩”一侧呼唤自己的孩子。研究中，9 名婴儿拒绝参与而离开中间板。当另外 27 位母亲在“浅滩”一侧呼唤她们的孩子时，所有的孩子都爬下中央板并穿过玻璃。然而当母亲在“悬崖”一侧呼唤他们时，只有 3 名婴儿极为犹豫地爬过视崖的边缘；大部分婴儿拒绝穿过视崖，他们远离母亲爬向浅的一侧，或因不能够看到母亲而大哭起来。婴儿已经意识到视崖深度的存在。

图 3-5 视崖实验装置

资料来源：王金霞．视崖实验中的情绪参照效应 [J]. 大众心理学，2012 (3)：23-24.

4. 方位知觉的发展

方位知觉是指人对自身或物体所处位置和方位的反映。方位知觉对提高婴幼儿的思维能力和动作协调能力起着重要作用。婴幼儿方位知觉的发展主要表现在对上下、前后、左右方位的辨别等方面。

婴儿一出生就有听觉定位能力。婴儿出生后，听到来自左边的声音能够向左侧看或转头，听到来自右边的声音则向右侧看或转头。一般来说，3 岁幼儿能正确辨别上下方位，4 岁能正确辨别前后，5 岁开始能以自身为中心辨别左右，7 岁后才能以他人为中心辨别左右，以及两个物体之间的左右方位。对婴幼儿来说，认知方位的游戏挑战性较大，方位术语较多，变化也较多，婴幼儿在掌握它们的过程中需要结合日常生活进行多方面的练习，建议 3 岁以内的婴幼儿以上下方位的练习为主，适当地增加前后方位的练习。

（二）时间知觉

时间知觉是指人对客观现象的延续性、顺序性和速度的反映。3 岁前的婴幼儿主要以人体内部的生理状态来反映时间，即以生物节律来反映时间，例如到点就感到饥饿，想要吃饭，或到点就觉得困倦，想要睡觉等。3～4 岁时，幼儿可以正确理解一些较近的时间，如“早上”“晚上”“今天”“明天”。同时，婴幼儿对时间的理解也与日常生活事件紧紧联系在一起，例如认为早晨就是“起床时间”，上午就是“上课的时间”，下午就是“吃甜点的时间”，晚上就是“睡觉的时间”，周末就是“玩的时间”。婴幼儿对时间单元的知觉和理解有一个“由中间向两端”“由近及远”的发展趋势。

四、婴幼儿感知觉能力的培养

（一）婴幼儿感觉能力的培养

著名儿童心理学家蒙台梭利认为 2～4 岁是婴幼儿对色、声、触摸等感觉的敏感期。

某种感觉能力在相应时期内出现、消失，当它们出现时，婴幼儿能最有效地学习；忽视了敏感期的训练，就会造成难以弥补的损失。

1. 视觉的培养

婴儿出生 2～3 周后，就有了用眼睛跟踪水平运动刺激物的能力，并对有色彩变化的东西感兴趣，这时可经常拿玩具或伸手让他跟踪运动。1 个月左右，可以在孩子的床或围栏上方距婴儿 40 厘米处悬挂一些饰物，这些东西不断摇晃，能够刺激其产生视觉意识；2 个月左右，可将一些黑白图片挂或贴在孩子看得见到 1 米范围内；3 个月左右，可以将彩色玩具吊在孩子的上方；4 个月以后，婴儿头部已经开始能直立时，抚养者可以竖抱孩子认识客观世界，在家庭生活中随时取材随时教。

2. 听觉的培养

新生儿听觉不敏感，但对巨大的声音有反应。这个时期，在婴儿清醒时，可播放轻音乐或与之谈话。5 个月时，应让其听各种柔和的声音和好听的音乐，不仅能增添生活的乐趣，而且能促进其听觉的发展。

3. 触觉的培养

6 岁前是触觉发展的黄金期，这期间的触觉发展将为孩子各种能力的发展奠定基础。1 岁以内的孩子从出生就开始探索这个世界，触觉敏感部位也逐渐发展到全身。婴儿的口周、眼、前额、手掌和脚底等部位触觉很灵敏。抚养者可以通过抚触等培养婴儿的触觉。1～3 岁时，孩子好奇心强，对外部世界充满了求知的欲望，抚养者要为孩子营造感觉刺激丰富的环境，帮助孩子发展触觉。触觉训练包括做手工、玩玩具以及全身的触觉刺激等多种形式。以玩玩具为例，抚养者可以提供多种多样、操作性强的玩具，如积木、七巧板等。在玩玩具时，孩子需要用双手配合做出各种动作，如抓握、揉、穿插、旋转等，手指、手掌、指尖、手心等都会得到不同程度的训练。

（二）婴幼儿知觉能力的培养

1. 形状知觉的培养

1 岁左右的婴幼儿已经开始能分辨一些主要的形状，比如圆形、三角形，但这并不是一蹴而就的。在此之前，婴儿就有了许多相关的认知积累。例如，在 1～2 月龄时婴儿喜欢玩看红球的游戏，抚养者可以在给婴儿练习过追视后，让婴儿把玩红球，并告诉他这是圆的；在 3～4 月龄时婴儿喜欢玩拍气球的游戏，气球也是圆的；5～6 月龄时婴儿学爬，能滚动的圆球是他最好的游戏伙伴；7～9 月龄的婴儿爱拨弄串珠，珠子也是圆的。在每一次的游戏中，如果抚养者给予足够的耐心，在保证安全的前提下，让婴儿充分用身体去感知圆形，那圆形光滑没有棱角的特点就会深入婴儿的脑海。

2. 大小知觉的培养

（1）根据婴儿喜好，给予充分的感知觉刺激。

在给 0～1 岁婴儿做抚触时，可以按摩婴儿的小手，告诉婴儿“妈妈的手大，宝宝的手小”；读绘本时，可以找出大小对比明显的书，让婴儿感受哪个大哪个小；陪婴儿吃辅食时，可以让婴儿玩玩大的碗和小的碗。这样的机会生活中有很多，有一天家长会突然发现孩子在选择自己喜爱的食物时，会选择大的那个，说明孩子已经有了初步的大小知觉。

（2）陪伴幼儿玩更多有趣的游戏。

对于 1～2 岁的幼儿，可以准备一个大筐和一个小筐，和孩子玩“送球回家”游戏。大球回大筐，小球回小筐。也可以准备大娃娃和小娃娃，鼓励孩子按养育者的语言指示，选出正确的娃娃。

（3）促进语言表达，赋予游戏更多意义。

对于 2～3 岁的幼儿，可以在地上画大圈和小圈，鼓励孩子按养育者的语言指示，跑进指定的圈里。然后由幼儿发号施令，请养育者跑进指定的圈里。准备大小不同的两套娃娃玩具，请幼儿给娃娃搭配衣物并说说选择的原因。

3. 距离知觉的培养

（1）重视丰富的环境和感知觉刺激。

对于 0～1 岁的婴儿来说，布置环境时，应考虑到婴儿的成长需求，给予婴儿一定的游戏空间，并保证安全。这有利于婴儿去探索空间和发展各种能力。对于还不会爬的婴儿，养育者可以和婴儿玩拍球的游戏。将色彩鲜艳的塑料球吊在合适的高度，婴儿可以躺着或坐着，用手或脚去拍球。这个游戏能帮婴儿感知距离，促进视觉调节和肢体控制能力的发展。

（2）让幼儿感受更广阔的空间。

对于 1～2 岁的幼儿来说，如果给予他们更大的空间，幼儿就能很好地锻炼行走、攀爬的能力。在练习了大运动的基础上，幼儿对空间距离的把握会越来越好。养育者要注意，一定要保护好幼儿的安全。

（3）充分地发展大动作能力。

对于 2～3 岁的幼儿来说，球类玩具能促进其多种动作的发展，如行走、跑、滚动、扔、弯腰、下蹲等，从而使幼儿全身的肌肉、骨骼得到锻炼，动作越来越灵敏、准确。同时，这些活动还可以发展幼儿的注意、记忆、观察等能力。

4. 方位知觉的培养

（1）用身体全方位感知外部世界。

追视和追声是3个月前婴儿的经典游戏，也是小月龄婴儿认知游戏的重要组成部分。游戏方法很简单。追视是在婴儿安静、清醒时用红球放在距婴儿视线20厘米左右处慢慢移动，观察婴儿的视线是否追随红球。追声是在婴儿安静、清醒时用小沙锤放在距婴儿耳朵20厘米左右处轻轻摇动，观察婴儿是否转头寻找声源。

（2）让方位术语融入日常语言。

1岁多的幼儿行动能力有很大提高，他们会不知疲倦地探索空间，这时是非常适合训练幼儿方位认知能力的。家长可以在日常生活中合理地运用方位术语，让幼儿通过自身的感知，理解方位。例如：宝宝站在沙发上、宝宝爬进桌子下、小汽车在宝宝前面、小娃娃躲在宝宝后面。“小手躲起来”游戏也适合这个年龄段的幼儿，家长可以和幼儿一起，一边唱儿歌一边做动作：“我的小手胖嘟嘟，一会儿向上，一会儿向下，一会儿在前，一会儿在后，小手小手藏起来，快来找一找。”

（3）以启发性的游戏配合语言的表达。

“过家家”游戏可以帮助家长了解婴幼儿的方位知觉成熟度，并训练婴幼儿的口头方位术语应用能力。例如家长可以在和婴幼儿一起玩游戏时，请婴幼儿将食物放到桌子上，将小玩偶放到椅子上，把比萨放进烤箱里，把水果从冰箱里拿出来，还可以请婴幼儿说说他的“过家家”小故事，描述摆放的物品，等等。

5. 时间知觉的培养

（1）慢慢建立起婴幼儿的生活节律。

正常的生活节律能让婴幼儿感知到白天主要是吃和玩，晚上主要是休息和睡觉，使他首先感知到“白天”和“黑夜”这两个大的时间概念。

（2）建立严格的作息制度。

作息制度在婴幼儿时间的定向上起着决定性作用，婴幼儿在很大程度上是以作息制度来感知时间的，如“早晨”就是“吃早餐和做早操的时候”，“中午”就是“吃中餐的时候”，“晚上”就是“上床听故事、关灯睡觉的时候”，等等。

（3）在生活中告诉孩子时间的概念。

养育者要学会将生活中与时间相关联的事情告诉孩子，让他更好地感悟时间概念。如“再看10分钟绘本，我们就吃晚餐”，“明天是星期天，我们去公园玩”，“爸爸下个星期一就出差回来了”，“太阳升起的时候就是清晨，太阳落下去的时候就是黄昏”，等等。当然，这些时间概念是比较抽象的，婴幼儿不一定能完全理解，但大人经常这样去说，孩子是会慢慢领悟到的。

第二节　婴幼儿注意的发展

一、注意概述

（一）注意的概念与特点

注意是一种心理状态，是指人的心理活动对一定对象的指向和集中。例如，婴幼儿玩玩具的时候，指向和集中的对象就是手中的玩具，不会指向其他无关事物。

从注意的概念可以看出，注意有两个显著的特点：指向性和集中性。注意的指向性是指个体的心理活动有选择地指向某个对象而离开其他对象，强调的是注意的方向。注意的集中性是指个体的心理活动在某一对象上的保持和深入，强调的是注意的强度或紧张度，心理活动的强度越大、紧张度越高，注意也就越集中。

例如，当婴幼儿在听妈妈讲绘本时，没有留意爸爸在眼前走过，这是注意的指向性；婴幼儿能较长时间停留在绘本故事情节中，这是注意的集中性。

人在高度集中自己的注意时，注意指向的范围就会缩小，这时候，人对自己周围的一切就可能“视而不见，听而不闻”，从这个意义上说，注意的指向性和集中性是密不可分的。

知识链接

陈望道先生的墨水粽子

“真理的味道是甜的”这个典故出自我国著名的教育家、语言学家陈望道先生。1920年春天，陈望道在浙江义乌的老家翻译《共产党宣言》，一天，母亲送来了粽子，他边吃边翻译，一旁摆着红糖水还有一小砚墨汁。母亲叮嘱“吃粽子要蘸红糖水哦”，他却把墨汁当成红糖水边吃边说“吃了，吃了，甜极了”，接着又说“可甜了，可甜了”，由此有了一句话“真理的味道是甜的”。

注意可以使神经系统对某些刺激的兴奋性增强，也可以对其他无关刺激的反应加以抑制，从而使心理活动的对象得到鲜明清晰的反映。

资料来源：佚名．真理的味道是甜的！[EB/OL]．(2020-07-03)[2023-01-20]．知乎专栏．

（二）注意的外部表现

当人们在注意某个对象时，具体表现在以下几个方面。

1. 适应性运动

个体在注意状态下，感觉器官一般是指向注意对象的。如“侧耳倾听”“目不转睛”。具体来说，在电影里，当主人公在集中注意听某些声音时，常常会以“耳朵抽动”的特写来表现，这就是“侧耳倾听”；当个体注意看一个人或物体时，就会把视线集中在这个人或物体上，这就是“目不转睛”。

2. 无关运动的停止

当注意集中时，个体就会高度关注当前的活动对象，一些与活动本身无关或起干扰作用的动作会相应减少甚至停止。

例如，一名认真听教师讲故事的婴幼儿不会东张西望、交头接耳，或者玩一些与活动无关的东西，会表现得非常安静；当一个非常引人注意的人或物出现时，其他人会忘掉其他动作，只是注视这个人或物。

3. 呼吸运动的变化

人在注意状态下，呼吸常常是轻缓而均匀的，有一定的节律，也可能会出现心跳加速、牙关紧闭等现象。

外部表现可作为研究注意的客观指标。但注意作为一种内部心理状态，它和外部行为表现之间并不总是一一对应的。例如，婴幼儿可能用眼睛盯着老师，装出一副认真听讲的样子，而实际上，他的注意全然不在老师身上，而集中在其他事物上。

（三）注意的功能

1. 选择功能

注意的选择功能是指在选择信息时，使心理活动选择有意义的、符合需要的、与当前活动任务相一致的刺激，同时避开或抑制其他无意义的、附加的、干扰当前活动的刺激。

2. 保持功能

注意的保持功能是指将选取的刺激信息在意识中加以保持，以便心理活动对其进行加工，完成相应的任务。比如，你想要知道眼前的东西是什么，就需要凝视这件事物，让信息通过感觉系统不断进入大脑，结合记忆、思维的加工来确定这是什么东西。这就是注意的保持功能在感知觉中的体现。

3. 调节和监督功能

注意的调节和监督功能实际发挥着监视器的作用，它可以控制心理活动向着一定的目标和方向进行，使注意适当分配和转移，并在调节过程中对注意进行监督，使注意向预定的方向集中，以此提高活动的效率。

（四）注意的种类

根据产生和保持注意时有无目的以及意志努力程度的不同，注意可分为不随意注意、随意注意和随意后注意三种。

1. 不随意注意

不随意注意也称为无意注意，是指没有预定目的，也不需要意志努力，不耗费精力的注意。在这种情况下，我们对要注意的东西没有任何准备，也没有明确的认识任务。注意的引起和维持不是依靠意志的努力，而是取决于刺激物本身的性质。在这层意义上，不随意注意是一种消极被动的注意，在这种注意活动中，人的积极性水平较低。例如，在上课时，教室外突然传来动听的歌声，所有人都会不由自主地关注它，并想倾听它。

不随意注意分为定向性注意和选择性注意两种。定向性注意是一种与生俱来的、本能性的定向反射，属于生理反应，是最初级的注意，它不会随着年龄的增长而消失，但占据的比重会日益减少。选择性注意表现为个体在诸多外界刺激中，只对某一类刺激注意得多而忽略其他刺激。不随意注意会随着年龄的增长而逐渐发展，其注意的范围会逐渐扩大，注意的对象也日渐复杂。其发展与个体的认知约束能力发展、个体使用注意策略的有效性及个体的语言发展有关。

影响不随意注意的因素主要有以下两点：

（1）刺激物本身的特点。

1）刺激物的强度。刺激物的强度有绝对强度和相对强度之分。绝对强度如强烈的光线、巨大的声响、艳丽的色彩、浓烈的气味；相对强度如安静环境中的窃窃私语。

2）刺激物间的对比关系。如“万绿丛中一点红”“鹤立鸡群”“闹中取静”等。在茫茫人海中，个子高的人更显眼；在人流中，逆行的身影更显眼。

3）刺激物的运动变化。变化活动的刺激物比无变化活动的刺激物更容易引起人们的注意。如空中的飞鸟、夜晚闪烁的霓虹灯、静止队伍中奔跑的人等。

4）刺激物的新颖性。个体的注意很容易被新出现的事物所吸引。但是，当新奇的事物长期存在或重复出现时，就会失去吸引注意的作用。例如，突然出现在托儿所的外国小朋友对婴幼儿来说是新鲜的。但是，当外国小朋友成为托儿所中的一员，婴幼儿长期与其一起学习生活时，他们对外国小朋友的存在也就慢慢习惯了。

（2）接受主体本身的特点。

1）接受主体的需要、直接兴趣、爱好等。例如，走进商场，婴幼儿被游乐设施吸引，成人对服装店感兴趣。

2）接受主体的精神状态。例如，婴幼儿周末跟父母出去玩得筋疲力尽，周一上托班会变得注意不能集中，无法安心学习。

3）接受主体的知识积累、已有经验等。例如，中国婴幼儿和外国婴幼儿同时学习英文绘本时，外国婴幼儿更容易被里面的情节所吸引。

2. 随意注意

随意注意也称为有意注意，是指有预定目的，并需要一定的意志努力，且耗费精力多的注意。例如，婴幼儿为了得到老师小红花的奖励，集中注意搭积木，努力使自己不受旁边小朋友玩游戏的干扰，认真完成了主题积木的搭建。

引起随意注意的条件主要与接受主体的以下因素有关：

（1）对活动目的和任务的理解程度。

接受主体从事活动的目的越明确、越具体，那么其完成活动任务的愿望也就越强烈，活动就越容易引起和维持个体的有意注意。

例如，家长如果要引导婴幼儿观察画有一束花和几只彩蝶的图画，不要只是笼统地要求他们观察画，而是可以不断地向他们提出问题，如："画上都有什么？""有几朵花？几只蝴蝶？""花是什么颜色的？每朵花都有几个花瓣？"等。如果只是放任婴幼儿自己观察，由于其年龄和知识等的限制，注意维持的时间可能会很短。但如果一直用问题引导他们的观察目的，则更容易使婴幼儿的注意一直坚持到活动结束。

（2）对间接兴趣的培养。

兴趣是引起注意的客观条件，可分为直接兴趣和间接兴趣。直接兴趣是对活动过程本身的兴趣，对不随意注意起作用；间接兴趣是对活动目的和结果的兴趣，对随意注意起作用。

例如，婴幼儿几乎都很喜欢听绘本故事，这主要是因为其对故事本身的直接兴趣。而大月龄的幼儿在开始练习讲述绘本故事时往往不愿意开口，这时可以让幼儿扮演老师或家长，老师或家长扮演宝宝，激发幼儿对当老师或家长的兴趣，从而逐渐培养其讲述绘本故事的兴趣爱好。这就是对活动目的和结果的兴趣引起的间接兴趣。

（3）意志品质。

有些婴幼儿的意志力较强，他们抗干扰的能力相对来说就较强。因此，在婴幼儿时期就需要对婴幼儿的意志力进行培养。例如，父母可以让孩子在做事前自己做计划，父母只负责提示与辅助，不干涉和替代，让选择权永远在孩子自己手里。可以对孩子的要求进行“延迟满足”，但要有一个承诺，并且一定要兑现。

知识链接

延迟满足

20世纪60年代，美国斯坦福大学心理学教授沃尔特·米歇尔（Walter Mischel）设计了一个著名的关于“延迟满足”的实验。研究人员找来数十名儿童，让他们每个人单独待在一个只有一张桌子和一把椅子的小房间里，桌子上的托盘里有这些儿童爱吃的东西：棉花糖、曲奇或是饼干棒。研究人员告诉他们可以马上吃掉棉花糖，但是如果等研究人员回来时再吃棉花糖，可以再得到一颗棉花糖作为奖励。他们还可以按响桌子上的铃，研究人员听到铃声会马上返回。对这些孩子们来说，实验的过程颇为难熬。有的孩子为了不去看那诱人的棉花糖而捂住眼睛或是背转身体，还有一些孩子开始做一些小动作，如踢桌子、拉自己的辫子，有的甚至用手去打棉花糖。结果，大多数孩子坚持不到三分钟就放弃了。“一些孩子甚至没有按铃就直接把棉花糖吃掉了，另一些则盯着桌上的棉花糖，半分钟后按了铃。”大约三分之一的孩子成功延迟了自己对棉花糖的欲望，他们等到研究人员回来兑现了奖励，差不多有15分钟的时间。

（4）活动的组织情况。

游戏是婴幼儿学习的主要方式。因此，在托育机构里，托育人员在安排婴幼儿一日活动的时候，就需要注意活动的游戏性、情境性和操作性。托育机构的教室需要适宜的环境创设，需要注意活动的游戏性，把智力活动和实际操作结合起来，这样有助于引起和保持婴幼儿的随意注意。

（5）已有的知识经验。

最近发展区理论告诉我们，如果不考虑婴幼儿的发展水平就确定教学方法或教学内容，那么对他们来说可能会出现“天花板效应”或“地板效应”。因此，在有意注意的培养方面需要关注婴幼儿的认知水平和已有的知识经验。

3. 随意后注意

随意后注意也称为有意后注意，是指有预定目的，但无须太多意志努力，无须耗费太多精力的注意。随意后注意是在有意注意的基础上产生的注意，是一种更高级的注意，是人类从事创造性活动的必要条件。

二、婴幼儿注意发展的特点

（一）婴幼儿不随意注意的发展

1. 胎儿时期

个体在胎儿期就对声音有了定向反射，5 个月左右胎儿的听力已逐渐形成，在此基础上可产生选择性注意。

2. 0～1 岁婴儿时期

新生儿出生后不久就表现出一些注意现象，主要表现在定向性注意和选择性注意两方面。

定向性注意是一种原始的注意行为，是一种无条件反射，由外界事物的特点引起。例如，高强度的声音刺激会让新生儿暂停吮吸动作，明亮的物体会引起其视线的片刻停留。

选择性注意指婴儿比较偏好某些感觉信息，注意它们的时间较长，这是一种无意识、被动的注意。感觉偏好现象是选择性注意的一种表现。视觉偏好法研究及视觉搜索运动轨迹的实验证明，选择性注意在新生儿期已经萌芽。新生儿的注意并不完全是被动的，而是存在主动寻求、探索环境中各种刺激并做出有选择的反应的现象。

1～3 个月的婴儿偏好复杂的刺激物多于简单的刺激物；偏好曲线多于直线；偏好不规则的图形多于规则的图形；偏好密度大的图形多于密度小的图形；偏好具有同一中心的刺激物多于没有同一中心的刺激物；偏好对称的刺激物多于不对称的刺激物。

3～6 个月的婴儿不随意注意的发展特点主要体现在以下几个方面：

（1）由于头部运动自控能力加强，可以更容易地扫视周围环境，同时双手的触摸和抓取能力更加精细和稳定，婴儿获取可注意的信息的能力得到了发展。

（2）婴儿的视觉注意进一步发展，视觉搜索的平均时间变短，更加偏好复杂的和有意义的视觉图像。

（3）由于对外部世界的好奇心增强，主动探索和学习的内驱力增强，婴儿会更积极地寻求可能引发无意注意的事物。

（4）随着对物体的观察和操作能力的发展，婴儿注意的品质有所提高。

（5）婴儿的知识基础和生活经验不断丰富，其注意越来越受到其知识经验的影响。

6～12 个月的婴儿清醒的时间增长，有更多的时间去探索各种外部事物，因此获得新信息的机会增多。他们有更多的机会玩耍和进行社会交往，因此常处于警觉和积极探索状态。随着婴儿从能够独立坐、爬行、站立到开始行走，他们的活动范围和视野有了飞跃性的拓展，注意的对象更加广泛。

3. 1～3 岁幼儿时期

1～3 岁幼儿不随意注意发展的特点主要体现在以下几方面：

（1）注意的发展开始受到表象的影响。表象是物体不在眼前时，其特征在人大脑中的反映。幼儿一般在 1.5～2 岁后就会产生这一心理现象，并逐渐出现客体永久性。当看到的事物和幼儿已有的表象之间出现矛盾或差距较大时，幼儿会产生最大的注意。例如，幼儿看到一个从来没有见过的新奇玩具时，会聚精会神地一直盯着看并做出伸手去拿的动作，此时，幼儿对玩具产生了最集中的注意。

（2）语言的发展促进了幼儿注意的发展。1 岁后，幼儿的生活环境更加丰富，语言能力开始萌芽并得到发展，认知能力也不断提升，因而注意能够更好地发展。例如，在马路上大人说到“汽车”，幼儿便会把注意集中到汽车上。

（3）注意对象增多，范围变广。幼儿开始能够注意到自己的内部状态，也开始注意周围人的活动。

（4）注意转移和分配能力有了较大发展，但还不成熟。这与其大脑神经系统抑制能力和第二信号系统的发展有关。

（二）婴幼儿随意注意的发展

随意注意是由脑的高级部位，特别是由额叶控制的。额叶的发展比脑的其他部位迟缓，0～3 岁婴幼儿的额叶发育尚不充分，仍以不随意注意为主。但随着婴幼儿大脑的发育和自我控制能力的发展，婴幼儿的有意注意也开始萌芽，并逐步发展。

当婴幼儿双手的操作能力得到发展，特别是可以独立行走后，他们会惊奇地发现可以探索的世界变大了，更令他们惊喜的是可以进行一些独立的探索活动了。他们开始主动关注周围的环境和各种事物，充满了好奇心和探索的欲望。但他们还很难自我控制，难以让自己的注意集中在当前的探索活动中，注意总是一不小心就被其他事物“勾走”了。但是当有成人在旁边协助，给予一定的引导和鼓励时，婴幼儿的随意注意时间可以得到延长，从而促进其随意注意的发展。例如，当婴幼儿玩玩具时，家长可以在一旁陪伴，观察婴幼儿玩玩具的过程，不要打扰，让婴幼儿专心地投入游戏中。当发现婴幼儿有点“玩腻了”，开始东张西望时，家长可以适时地介入，如：“宝宝，刚刚妈妈看到你把小猴子放在小树上，妈妈觉得好有意思哦！小猴子在树上做什么呢？”这就可以再次引起婴幼儿对这个游戏的兴趣，延长其有意注意的时间。一般认为近 3 岁时婴幼儿才开始出现真正的有意注意。

作为托育人员，应擅于运用婴幼儿的随意注意组织活动。在活动前，让婴幼儿明确活动的目的和具体任务，在活动过程中注意活动的游戏性、情境性和操作性，并不断地进行提示和指导。例如，可通过创设“问题情境”启发婴幼儿的思维，调动婴幼儿多种感官参与活动，让婴幼儿既动手又动脑，促使婴幼儿学习控制自己的行为，有意识地使自己的行为服从于活动的目的和任务。

此外，托育人员应提出合理的活动规则，培养婴幼儿良好的学习习惯，使婴幼儿逐渐形成坚强的意志，并自觉、主动地克服困难、抵抗干扰，认真地完成活动任务。这样有助于增强婴幼儿的自制力，促进婴幼儿有意注意的发展。

三、婴幼儿注意的品质与培养

（一）婴幼儿注意的品质

1. 注意的广度

注意的广度也叫注意的范围，指的是在同一时间所把握的对象的数量。注意的广度有以下两个特点：

（1）刺激物的特点会影响人的注意广度。注意的对象越集中、排列得越有规律，越能成为互相联系的整体，注意广度就越大。

（2）注意的广度因活动的任务和个人知识经验的不同而不同。

婴幼儿注意的广度较小，托育人员在组织活动时应该注意以下几点：

（1）对婴幼儿要提出具体而明确的要求，在短时间内不能要求婴幼儿注意太多的事物。

（2）在呈现图画或者教具时，同时出现的刺激物的数量不能太多，而且排列应当规范有序，不可杂乱。

（3）要采用各种婴幼儿喜闻乐见的方式和方法，帮助他们获得丰富的知识经验，以逐渐扩大注意的范围。

2. 注意的稳定性

注意的稳定性指的是注意集中于某一对象或活动的时间长短。婴幼儿对于有趣生动的对象可以长时间注意，但对枯燥乏味的对象则难以维持注意。总的来说，婴幼儿注意的稳定性比较差，因此，托育人员在组织活动时应该注意以下几点：

（1）注意的对象新颖、生动、形象鲜明。

（2）使活动游戏化，将各种教育活动与游戏相结合。

（3）与操作活动相结合。

3. 注意的分配性

注意的分配性指的是在同一时间内把注意力集中到两种或几种不同的对象上，即“一心多用”。由于婴幼儿的大脑发育还不完全，因此婴幼儿注意分配的能力较低，常常记住这个忘了那个。因此，成人不应教婴幼儿做一些不适合其年龄特点的活动或游戏，否则，婴幼儿会因无法完成任务而自信心受挫。

4. 注意的转移

注意的转移是指自觉地调动注意，使注意从一个对象转移到另一个对象上。注意的转移可以发生在同一活动的不同对象之间，也可以发生在不同活动之间。

注意转移和注意分散是两个截然不同的概念。虽然两者都需要转换注意的对象，但是注意分散是注意受无关刺激或活动单调等的影响，无意识地离开了需要注意的对象。

例如，宝宝在听妈妈讲故事，这时妈妈让其看图片，于是宝宝就把目光转向图片，这就是注意的转移，是按照家长的要求进行的一种主动、积极的过程。而如果在听故事时，正好有人从旁边经过，宝宝转过去看人，这就是注意的分散，是一种被动、消极的过程。

婴幼儿注意的转移能力比较差，托育人员在组织活动时应注意以下几点：

（1）活动导入可以采用猜谜、谈话、出示教具等多种方式引起婴幼儿的兴趣，让婴幼儿的注意力转移到当前活动上来。

（2）在活动过程中，可以运用言语、行动等让婴幼儿有明确的活动目的，主动转移他们的注意。

（二）婴幼儿注意分散的原因

1. 教育活动组织不合理

（1）无关刺激过多。婴幼儿不随意注意占优势，且注意稳定性差，新鲜多变的刺激会分散婴幼儿的注意。如活动室布置得过于繁杂，环境过于喧闹，托育人员服饰过于奇异，教学中的教具使用得过于频繁等都会干扰婴幼儿。

（2）婴幼儿参与度不高。如活动无操作、无变化，内容过难或者过易。

（3）无意注意和有意注意没有转换。

2. 目的或要求不明确

成人对婴幼儿提出的要求不具体或目的不能为婴幼儿所理解，就会导致其不知道该做什么，也会引起婴幼儿注意的分散。

3. 注意不善于转移

婴幼儿听完一个有趣的故事后，可能会长久地受某些生动情节的影响，注意难以转移到新的活动上去，在从事新的活动时，思绪还停留在原先的活动上，出现注意的分散现象。

4. 疲劳

晚上长时间看电视、晚睡，会导致婴幼儿睡眠不足；家长周末带婴幼儿走亲访友、到处玩，会引起婴幼儿的疲劳。这些都会导致婴幼儿注意的分散。

5. 饮食不当

婴幼儿摄入过多的糖分、咖啡因、人工色素、添加剂、防腐剂，常吃烧烤、油炸类食物，常喝饮料等都不利于其注意的集中，易导致注意分散。

（三）婴幼儿注意分散的预防措施

1. 防止无关刺激的干扰

可以让婴幼儿参与活动空间的布置，提前让婴幼儿适应新鲜的活动空间；在教学过程中，教学环境要安静，所使用的教具不宜过早呈现，在使用时不可一次呈现多种，在使用后应立即做好收纳工作；托育人员的服饰应简洁大方，不宜有过多的装饰等。

2. 制定合理的作息和饮食制度

一旦科学、良好的作息制度和饮食制度制定好，就严格执行落实，培养婴幼儿良好的作息和饮食习惯。

3. 培养良好的注意习惯

当婴幼儿哭闹时，不要总是以转移婴幼儿注意力的方式立即去安抚婴幼儿；当婴幼儿在专心地做某件事时，不要总是觉得孩子饿了或是渴了而中断其活动；当婴幼儿对某一物品或事物表现出浓厚的兴趣时，成人要适时引导，鼓励婴幼儿继续做下去。在培养婴幼儿的注意习惯时，不要重复问题或要求多遍，因为长此以往，很容易让婴幼儿产生“我不注意听没关系，反正大人还会再说”的想法，这样就会对培养婴幼儿注意听的习惯很不利。如果成人每次都只说一遍，婴幼儿反而会更注意听。

4. 灵活运用不随意注意和随意注意

教师可以运用新颖、多变、强烈的刺激，激发婴幼儿的不随意注意，但不随意注意不能持久，而且活动也不是专靠不随意注意就能完成的，因而还要培养和激发婴幼儿的有意注意。

第三节　婴幼儿记忆的发展

一、记忆概述

（一）记忆的概念

记忆是人脑对过去经验的识记、保持和恢复的过程。凡是人们感知过的事物、练习过的动作、思考过的问题以及体验到的情感，都会在人们的头脑中留下不同程度的印象，在一定条件下还能恢复或重现，这就是记忆。完整的记忆包括识记、保持和恢复三个环节。

记忆的第一步是“识记”。识记是把感知或体验过的东西“记”下来的过程，也就是获得和积累经验的过程，好比图书馆购进新书。

记忆的第二步是“保持”，即把识记的材料保存在头脑里，也就是已获得的知识经验在头脑里储存和巩固的过程。保持过程不是简单地、原封不动地储存材料，而是要对材料进行一定的加工整理，就像图书馆对买来的新书分类登记，分门别类地储存在书库里一样。

记忆的最后一步是“恢复”，也就是把头脑里的知识经验重新呈现或提取出来的过程，相当于把藏书从书库里提取出来。记忆恢复有两种形式：再认和回忆（也叫再现）。

再认是指当识记过的事物重新出现时，感到熟悉，确知是以前感知过或经历过的。例如，小明跟随妈妈逛商店，指着货架上的几种玩具告诉妈妈：“我们幼儿园也有这样的玩具!”在听到一首歌曲时，小朋友高兴地说：“妈妈，我也会唱，我们在幼儿园学过!”这些都是再认。

回忆是指识记过的事物并没有得到他事物的影响而使这些事物在头脑里呈现出来的过程。例如，客人请小朋友唱首歌，他就唱起了《我爱北京天安门》。这就是回忆。

记忆的几个环节相互依存、相互影响，密不可分。识记是保持、再认和回忆的前提，欲“忆”必先“记”，只有将识记的内容在头脑里保持并巩固，日后才能回忆起来；再认或回忆是识记和保持的结果，是对识记和保持的检验，通过再认或回忆又能进一步加强识记内容的保持与巩固。

（二）记忆的种类

记忆按照不同的划分标准，可以分为不同的种类。

1. 按照信息保持时间分类

记忆按照信息保持时间长短可以分为感觉记忆（瞬时记忆）、短时记忆和长时记忆。

（1）感觉记忆是指当客体刺激停止作用之后，感觉信息在一个极短的时间内保存下来，又称为感觉登记。它是记忆系统的开始阶段，这种记忆的信息量比较大，但是保持的时间非常短，通常是 0.25～4 秒。

（2）短时记忆是感觉记忆和长时记忆的中间阶段，保持时间为 5 秒至 1 分钟。它的容量有限，通常 7±2 个组块。

（3）长时记忆是指信息经过充分的和一定深度的加工后，在头脑中长时间保留下来，是一种永久性的存储。它的保持时间长，从 1 分钟到许多年不等，甚至是终生。其容量没有限制，信息的来源大部分是对短时记忆的复述，也有些是因为印象深刻而一次性获得的。

2. 按照记忆内容分类

记忆按照记忆内容不同可分为运动记忆、情绪记忆、形象记忆和语词逻辑记忆。

（1）运动记忆也称为动作记忆，是指个体对动作或身体运动的记忆。

（2）情绪记忆是对体验过的情绪或情感的记忆，具有鲜明、生动、情境性等特点。

（3）形象记忆是以感知过的事物的具体形象为内容的记忆，具有鲜明的直观性，以表象形式储存。

（4）语词逻辑记忆也称为语言记忆，是以语词概括的事物间的关系以及事物本身的意义和性质为内容的记忆。

3. 按照记忆意识程度分类

记忆按照记忆意识程度不同可分为内隐记忆和外显记忆。

（1）内隐记忆是指在个体无法意识的情况下，过去经验对当前作业的无意识的影响，又叫自动的无意识记忆。

（2）外显记忆是指在意识的控制下，过去经验对当前作业产生的影响。它对行为的影响是个体能够意识到的，因此又叫受意识控制的记忆。

（三）记忆在婴幼儿心理发展中的作用

婴幼儿的心理是在成人的抚育下，在学习和掌握人类社会已有经验的基础上逐渐发展起来的。我们在分析婴幼儿心理各方面的发展时，都可以看到经验在其中发挥的作用，而个人经验的积累要依靠记忆。记忆作为一种基本的心理过程，是和其他心理活动密切相关的，并且有助于其他心理过程和心理活动的发展。

知识链接

记忆的重要作用

拿破仑从幼年起就非常喜欢读书，他不但读书快，一天内可以读完20本书，而且还记得牢。据说，拿破仑能如数家珍般说出法国海岸每一门大炮的口径和安放位置，常常能随时指出下级报告中的细节失误。他曾说过："没有记忆的脑袋，等于没有警卫的要塞。"英国哲学家培根说："一切知识的获得都是记忆，记忆是一切智力活动的基础。"

资料来源：赵佳，方格．婴幼儿自传体记忆研究的现状及展望［J］．中国特殊教育，2005（6）.

1．记忆与知觉的发展

记忆是在知觉的基础上进行的，而知觉的发展又离不开记忆。知觉中包含着经验的作用，知觉的恒常性和记忆也有密切的关系。比如，婴儿经常用奶瓶吃奶，当他只看见奶瓶的一个侧面时，就"知道"那是可以给他提供食物的东西，马上做出吃奶的反应；婴儿听见母亲的声音就安静下来或活跃起来。这些对奶瓶的知觉或对母亲声音的知觉，已经和经验发生了联系，而它们之所以能够和过去的经验相联系，依靠的是记忆。从复杂的空间知觉看，经验在其中的作用要更加明显。比如，2岁的孩子往往会伸手要求站在楼上的妈妈抱，这说明他的空间知觉发展不足，而空间知觉发展的不足，又与孩子空间距离知觉的发展和经验不足有关，掌握这种经验需要记忆的发展。

著名儿童心理学家皮亚杰对"客体永久性"的研究，也反映了婴儿记忆和知觉发展的关系。例如2个月的婴儿在注视一个移动的物体时，如果物体进入屏幕后面，他便不再继续注视；但是8个月的婴儿会把视线移到屏幕的另一端，等它从那里出来。这就说明，8个月婴儿的注视中包含了记忆活动。

2．记忆与想象、思维的发展

婴幼儿的想象和思维过程都要依靠记忆。正是记忆把知觉和想象、思维联结起来，使婴幼儿能够对知觉到的材料进行想象和思维。对于婴幼儿来说，最原始的想象和记忆不容易区分，2岁左右幼儿的想象基本上是记忆的简单加工。

3．记忆与言语的发展

婴幼儿学习语言也离不开记忆。首先，婴幼儿必须记住某个声音所代表的语义，才能理解语词。其次，在语言交际过程中，在听别人说完一句话之前，要把这句话前面那部分暂时记住，才能和后面所说的话联系起来理解；自己说完一句话或一段话时，也要把自己说过的词或句暂时记住，才能做到说话前后连贯。幼儿有时说了后面的忘了前面的，就明显暴露了言语活动与记忆联系的不足。

4. 记忆与情感、意志的发展

婴幼儿记忆的发展也影响着其情感和意志的发展。通过记忆，婴幼儿对与经验有关的事情产生一定的情感体验，从而使情感不断丰富起来。比如，月龄小的婴儿只有一些原始的恐惧心理，而较大月龄的婴幼儿则会出现一些与经验有关的恐惧，如有的幼儿曾经因用手摸火而体验到痛觉，因此他以后见到火就害怕。这种怕火情感的出现，就体现了记忆的作用。

婴幼儿的意志行动也离不开记忆。意志是有目的的行动，在行动过程中必须始终记住行动目标。婴幼儿和失去记忆能力的人在意志行动中有相似之处，他们往往在行动过程中忘记了原先激起行动的动机和目的，因而不能坚持完成任务。例如，妈妈让幼儿去拿他自己的水杯，幼儿走到半路看见地上有一个玩具，于是忘了去拿水杯的任务，去玩玩具了。

总之，婴幼儿的心理正在形成、建设和初步发展，这个时期各种心理过程逐渐联系起来形成系统，而在这个过程中，记忆起着重要作用。

二、婴幼儿记忆发展的趋势

（一）记忆的发生

1. 记忆发生的指标

记忆是一个比较复杂的心理过程，包括识记、保持、再认或回忆（再现）。从现代认知心理学的观点看，记忆包括信息的输入、存储和提取过程。判断婴幼儿记忆是否发生的指标主要包括以下三个：

（1）习惯化。

当新异的刺激出现时，婴幼儿往往会注意该刺激，但随着刺激物出现频率的增加，婴幼儿慢慢地就会减少对该刺激的注意，甚至会忽略它，这就是习惯化。习惯化，可以作为判断婴幼儿对事物是否感知、是否熟悉、是否能够再认的重要指标。例如，研究者采用感觉偏爱法研究新生儿对熟悉图形的视觉习惯化，发现出生后1～3天的新生儿已经有了原始的记忆。

（2）条件反射。

条件反射，可以作为判断记忆是否发生的一个重要指标，对条件刺激物产生条件性反应，表明再认的存在。例如新生儿对母亲喂奶姿势的记忆，当被抱起来时，他就做好了要吃奶的准备。

（3）重学记忆。

重学记忆也是一个比较重要的指标。当婴幼儿学习了一种知识或技能以后，经过一段记忆消逝的时间，重新用同样的方法学习，第二次学习所需要的时间或次数比第一次学习要少一些。

2. 记忆发生的时间

不难发现，由于研究者采用的指标不同，所判定的记忆发生的时间也就各不相同。但是，不论用何种方法或指标进行研究，都可以肯定：新生儿期已经出现了记忆。

（二）记忆的发展

新生儿出生后即已产生记忆。到 3 岁时，记忆会发生很大的变化，其发展趋势如下。

1. 记忆保持时间逐渐延长

记忆保持的时间有所不同，有短时记忆和长时记忆之分。婴幼儿最初出现的记忆属于短时记忆，长时记忆出现和发展稍晚。短时记忆比长时记忆早出现，这与记忆的生理基础的成熟即大脑的发育有关。

记忆保持的时间也称为记忆的潜伏期，是指从识记到能够再认或回忆之间的时间。随着月龄的增加，婴幼儿长时记忆保持的时间逐渐延长，即记忆潜伏期逐渐延长。1 岁前记忆保持的时间较短。有研究表明，2 个月左右的婴儿记忆保持的时间为 24 小时，3 个月的婴儿能保持一周，6 个月左右的婴儿记忆能保持半个月，1 岁半以后记忆能保持到 13 周左右，此后随着月龄的增长，记忆保持时间不断延长。

3 岁前婴幼儿的记忆一般情况下不能永久保持，或者说大多数人对刚出生那两年的事情完全没有记忆，而且对以后两三年的事也会遗忘，这种现象被称为“幼儿期健忘”。众多研究者对此十分关注，有研究者按照弗洛伊德的观点解释这种现象是对性欲的压抑所致；也有研究者认为是大脑机制尚未成熟导致的，晚发育的脑区的结构控制了先发育的脑区，从而阻碍了原先记忆的东西。此外还有关于早期记忆碎片、婴儿期自我概念的缺乏等说法。然而因为各种说法都缺乏足够的证据，所以没有形成一致的研究结论。但能确定的是，在 3 岁左右，幼儿会对他们的过去着迷，并以一种一致的方式来描述他们的过去，从而形成一种自传式的记忆系统。当幼儿出现自传式记忆时，标志着婴儿期记忆缺失阶段的结束。

知识链接

自传式记忆

自传式记忆（autobiographical memory）是情景记忆的一种特例，指形成一种关于人生命历程的具体而持久的记忆。并不是情景记忆中的每一件事都会成为自传式记忆的一部分，只有那些对于儿童而言具有特别的、个人化意义的记忆才会成为自传式记忆（Fivush & Nelson，2004）。

尽管有些人能回忆起两岁时的一些孤立事件（如某个兄弟姐妹的生日），但是自传式记忆一般出现在3～4岁，并在4岁半左右逐渐变得连贯（Howe，2003；Fivush & Nelson，2004；Nelson，2005）。关于自传式记忆出现较晚的一种解释是，儿童只有发展出能够将与自己生活相关的事件组织起来的自我概念，才能在记忆中储存这些事件（Howe，2003；Howe & Courage，1993，1997）。

2. 记忆提取方式逐步发展

记忆提取的方式可以分为再认和回忆（再现）。婴幼儿最初出现的记忆全都是再认性质的记忆。前面提到，记忆最初表现为习惯化和条件反射。例如当刺激多次重复出现时，婴儿好像已经认识了它，表现出与新异刺激刚出现时完全不同的反应，这就是再认。最早建立的条件反射，是最初级的感知和运动性的反射，当原来的条件刺激物再次出现时，婴幼儿会做出与以前相同的反应，这也是一种再认。

随着年龄的增长，2岁左右的幼儿逐渐出现回忆的记忆提取方式，尤其是当幼儿出现自传式记忆后，记忆的情境独立性会进一步增强。在3岁之前，虽然婴幼儿的回忆都落后于再认，但随着年龄的增长，回忆和再认的差距逐渐缩小。比如，让儿童看12张图片，4岁儿童能再认全部12张，却只能回忆2～3张；10岁儿童能再认12张，但已能回忆8张。

回忆和再认的差别，是由于其活动机制的不同。再认依赖的是感知，回忆依靠的是表象。感知是婴幼儿自出生以后就已经具有或开始发展的；而表象则在1岁半至2岁才开始形成。另外，感知的刺激是在眼前的，可以立即引起记忆痕迹的恢复；而表象的活动，还有待于婴幼儿在头脑中进行搜索。美国著名心理学家布鲁纳（J. S. Bruner）说过："人类记忆的首要问题不是储存，而是检索，而检索的关键在于组织，即到哪里去寻找信息和怎样去获取信息。"由此可见，搜索的过程是一个比较复杂的过程。

3. 记忆容量不断增加

研究结果显示，感觉记忆和长时记忆的容量并没有随着年龄的增长而有所变化，只有短时记忆的容量可能有所改变。

（1）记忆广度。

记忆广度是指个体对瞬间呈现材料的最大即时保持量，记忆广度的测量是测定短时记忆能力的一种简单易行的方法。相关研究表明，婴幼儿的记忆广度与其生理发育密切相关，因大脑皮质发育不成熟，婴幼儿在极短的时间内来不及对更多的信息进行加工和记忆，所以他们无法达到成人的记忆广度。

知识链接

神奇的数字：7±2

早在19世纪中叶，爱尔兰哲学家威廉·汉密尔顿就通过观察发现，如果将一把弹子撒在地板上，人们很难一下看到超过7个弹子。1887年，雅各布斯通过实验也发现，对于无序的数字，被试者能够回忆出数字的最大数量约为7个。遗忘曲线的提出者艾宾浩斯也发现，人一眼可记住约7个无序的字母。“7”这个神奇的数字引起了众多心理学家的研究兴趣。从20世纪50年代开始，心理学家用字母、音节、字词等各种不同材料进行过类似的实验，所得结果都约是“7”。1956年，美国心理学家约翰·米勒教授发表了一篇重要的论文《神奇的数字7加减2：我们加工信息能力的某些限制》，明确提出短时记忆的容量为7±2，即一般为7，并在5～9之间波动。这就是神奇的“7±2效应”。

资料来源：佚名．7±2法则［EB/OL］．(2020-09-24)［2023-01-20］. https://baike. so. com/doc/5287202—5521560. html.

（2）记忆范围。

记忆范围是指记忆材料种类的多少及内容的丰富程度。婴儿的记忆范围较小，主要与其接触的事物的数量和内容的有限性有关。随着婴幼儿信息加工能力的增强，动作的发展，与外界接触范围的扩大，活动的多样化，婴幼儿的记忆范围会逐渐扩大。

（3）工作记忆。

工作记忆是一种较短时间范围的记忆形式，是一种执行系统，主要用于信息的暂时存储和加工，能够对新输入的信息与原有的知识经验进行联结。婴幼儿形成工作记忆以后，可以在30秒左右的时间内获得更多的信息，随着年龄的增长，其工作记忆的能力会越来越高。

4. 记忆内容随年龄而变化

如前所述，从记忆的内容看，记忆可以分为运动记忆、情绪记忆、形象记忆和语言记忆。婴幼儿记忆的内容也有随年龄而变化的客观趋势。

（1）运动记忆也称为动作记忆，是指个体对动作或身体运动的记忆。婴幼儿最早出现的就是运动记忆。例如新生儿对喂奶姿势的条件反射就是动作记忆。随着月龄的增长，婴幼儿学会各种动作，掌握生活技能和行为习惯，学习各种运动技巧，也都依靠运动记忆。

（2）情绪记忆是对体验过的情绪或情感的记忆。婴幼儿的记忆都带有强烈的情绪性，例如婴幼儿喜爱什么、依恋什么、厌恶什么、害怕什么都属于情绪记忆的表现。婴幼儿对于带有感情色彩的东西更容易记忆。新生儿已经明显地表现出了惧怕这种情绪记忆。

（3）形象记忆是以感知过的事物的具体形象为内容的记忆。在婴幼儿的记忆中，形象记忆占主要地位，比重最大。在婴幼儿的形象记忆中，起主要作用的是视觉表象。例如，婴儿能够认识自己的母亲，能分清楚熟悉的人和陌生的人。婴幼儿 1 岁前的形象记忆与动作记忆、情绪记忆联系紧密。

（4）语言记忆是随着婴幼儿言语发展的过程逐渐发展的，发展得最晚。

从以上四种记忆发生发展的顺序来看，最早出现的是运动记忆（出生后 2 周左右），然后是情绪记忆（6 个月左右），之后是形象记忆（6～12 个月），最晚出现的是语言记忆（1 岁左右）。婴幼儿记忆的发展，并不是用一种记忆内容简单地代替另一种记忆内容，而是一个相当复杂的相互作用的过程。

三、婴幼儿记忆策略的形成

婴幼儿在 3 岁以前以无意记忆为主，3 岁左右有意记忆开始出现。而有意记忆的发展和记忆策略的形成有密切联系。可以说，婴幼儿有了自觉完成记忆任务的意识以后，才会产生运用记忆策略的要求，并且在实践中逐渐形成运用记忆策略的能力。婴幼儿常见的记忆策略包括以下几种。

（一）反复背诵或自我复述

这种方式对于婴幼儿而言，其过程的实质就是机械的记忆，“只知其然，不知其所以然”，同时还需要不断强化，一旦这种强化停止，婴幼儿很快就会忘记所学的内容。比如黑白卡和彩色卡的使用，背诵古诗和《三字经》《百家姓》《弟子规》等启蒙读物。

（二）使记忆材料系统化

这种记忆策略能够在记忆过程中自动对记忆材料加以分类整理，例如，边识记边把图片分类，并自言自语地说："苹果是水果，梨也是水果。"婴幼儿也会把新词和某种事情或情绪联系起来进行记忆。

（三）间接的意义识记

婴幼儿还能够对记忆材料进行精心思考，找出材料组成的规律，以帮助记忆。间接记忆一般以语言为中介。

3 岁左右的幼儿已经会运用各种记忆策略。例如，在幼儿面前放置若干个倒置的杯子，其中一个盖着玩具小狗，要求幼儿在实验者暂时离开实验室时，记住哪一个杯子下面藏着玩具小狗。幼儿高兴地注视着藏小狗的地方，一边看着那个盖着小狗的杯子，一边对着它点头，并说"有"，看着其他杯子时，则说"没有"；或者在等待期间一直把手放在那个杯子上，或者把它移到突出的位置，等等。创设一些条件，可使婴幼儿运用记忆策略的能力得到充分发挥，如：(1) 消除一切不重要的认知成分，用最简单的形式把认知要求凸显出来。(2) 在熟悉的环境中进行实验。明确记忆活动的要求和熟悉的环境有助于婴幼儿选择记忆策略。有的研究者甚至发现，1 岁半幼儿经过训练后，也能够有计划地进行记忆。

四、婴幼儿记忆发展的特点

随着年龄的增长，婴幼儿记忆的范围不断扩大，记忆保持的时间逐渐延长，表现出由简单到复杂、由瞬时记忆到较长时间记忆的特征。

（一）0～1 岁婴儿记忆发展的特点

1. 新生儿记忆的特点

大量的研究材料表明，新生儿的记忆主要是短时记忆，表现为最初的习惯化和最初的条件反射。例如，用牛奶作为强化物，使新生儿对不同的声音建立转头的条件反射，听见铃声时向一侧转头，听见蜂鸣器的声音时转向另一侧。经过将近 1 个月的训练，新生儿能够在 10 次刺激中有 5 次正确反映。在前面的讲述中也已提到，新生儿已经产生了记忆。

2. 1～6 个月婴儿记忆发展的特点

(1) 1～3 个月长时记忆开始发生。

1～3 月龄是长时记忆开始发生的阶段。有关研究指出，1～2 个月婴儿经过日复一日的训练，可以因积累而形成长时记忆。3 个月婴儿在相隔 192 小时以后重新学习，出现了"重学节省"现象。卡罗琳·罗威-克里尔在她最著名的实验设计里，用了一个很精巧的操作装置，将一个很吸引人的小汽车悬挂在婴儿的摇篮上方，观察婴儿如何反应，重点观察婴儿看到小汽车时踢腿会有多频繁，在通过 3 分钟的“基线”观察后，她将婴儿的腿用一根绳子拴住，绳子的另一头连着小汽车，所以每次婴儿踢腿小汽车就会移动。婴儿很快就学会了反复踢腿来让小汽车移动。3～6 分钟内，3 个月的婴儿踢腿的频率会增加到 2～3 倍，可以看出明显的学习效应。数日之后，再次让婴儿躺在上方有小汽车的摇篮中，腿上不再拴绳子，来测试婴儿对学习过程的记忆，如果婴儿记住了之前的行为，他踢腿的次数就会多于基线水平。最后实验结果表明，在踢腿实验中，2 个月的婴儿能够记住一天之久，3 个月的婴儿为一周，6 个月的婴儿记忆能保持两周。

（2）3～6 个月长时记忆有很大发展。

3～6 个月婴儿的长时记忆有很大发展。婴幼儿记忆保持时间大致发展趋势如下：3 个月婴儿的长时记忆能保持 7 天，6 个月婴儿能保持 15 天左右，此后婴幼儿的记忆保持时间随着年龄的增长不断延长。

3. 6～12 个月婴儿记忆发展的特点

（1）开始出现工作记忆。

8 个月左右的婴儿开始出现工作记忆，婴儿开始能够把新信息和过去的知识经验进行联系和比较，并出现了“认生现象”。认生是再认的表现。

（2）再现的潜伏期明显延长。

用条件反射、习惯化或成对比较等方法对 6～12 个月婴儿再现的潜力进行的实验，都证明婴儿再现的潜伏期明显延长。日常生活中，婴儿对社会性刺激和社会性交往的记忆在这个阶段得到发展。更多的材料表明，婴儿在这个阶段搜寻物体的能力有所增强。皮亚杰认为这一能力中包含明显的记忆成分。这个时期开始出现大量模仿动作，模仿也包含记忆。

（二）1～3 岁幼儿记忆发展的特点

随着言语的产生和发展，1～3 岁幼儿的记忆也发生了很多变化，例如再认的内容和性质发生变化，产生符号表象记忆，出现初步的回忆等。

1. 再认的内容和性质发生变化

1～3 岁幼儿记忆的发展主要表现为回忆的发展。再认形式的记忆发展比较早，一般在 1 岁半至 2 岁，言语真正发生后，再认的内容和性质也迅速发生变化。

2. 产生符号表象记忆

1 岁以后，由于言语的发展，幼儿得以用符号进行表征，从而产生了符号表象记忆。表象和表征是有区别的。表象是指过去感知而当前没有作用于感觉器官的事物在头脑中出现的形象；而表征则是指这种形象形成的过程。按加工创造的程度，表象可分为记忆表象和想象表象两种。记忆表象指头脑中保存的客观事物的感知形象；想象表象是指在头脑中对记忆表象进行加工改造后形成的新形象。表象还可分为具象表象和符号表象两种。具象表象就是形成的客观事物的具体形象，这主要是大脑皮层第一信号系统的活动；符号表象是运用言语、文字或其他符号形成的客观事物的象征性形象，如“苹果”一词在人脑中的语言或文字形象等，它是大脑第二信号系统的活动，是人类特有的能力。皮亚杰认为，幼儿在 1 岁到 2 岁之间才产生“符号表象”。1 岁以后，幼儿已有可能产生最早的符号表达的能力。有研究表明，表征能力产生的主要标志就是幼儿以信号物作为事物的象征。符号表征能力的出现使幼儿语词逻辑记忆能力的产生成为可能。

因言语的发展，短时记忆发生重要变化。在某个研究中，实验者设计了一个专门的小桌子，桌上有两个坑，上面各盖有能取下的盖子。实验者当着孩子的面，把玩具放入其中一个坑，用盖子盖上，然后用屏幕把小桌子挡住，过一会儿再让孩子找出玩具。实验目的在于研究婴幼儿短时记忆的保持时间。结果表明，记忆保持的时间达到 5 秒的 10 个月婴幼儿只占被试的 10%；1 岁 1 个月时，几乎所有婴幼儿都能保持 5 秒，随后可增加到 30～40 秒；而 1 岁半以后，短时记忆保持的时间有变短的趋势。研究者对这种现象做如下解释：1 岁半是言语发展的转折期，言语的急剧发展影响了短时记忆的发展。换句话说，婴幼儿起初的记忆是大脑第一信号系统的活动，然后过渡到主要是第二信号系统的活动。婴幼儿在 1 岁半时，记忆发展的新机制——第二信号系统的记忆发生了，它干扰了原有的记忆机制——第一信号系统的记忆机制，而第二信号系统的机制又没有成熟，不足以完成记忆任务。1 岁半以后，第二信号系统在记忆中逐渐起主导作用，表现为婴幼儿能够迅速地积累大量词汇，记忆的潜伏期也延长了。

3. 出现初步的回忆

在日常生活中，1～2 岁幼儿能用行动表现出初步的回忆能力，比如，他们喜欢玩“藏找东西”的游戏，他们常常能够替成人找到东西，有时甚至是只看过一次的东西，也能够找出来。

1 岁左右婴幼儿能够回忆几天或十几天前的事情，2 岁左右记忆可以保持几个星期，3 岁以后能够达到几个月或更长时间。还有人观察到 1 岁左右的婴幼儿甚至能找到不在眼前的已知物体。这与皮亚杰所说的儿童“客体永久性”的发展是一致的。

这一阶段出现的延迟模仿是婴幼儿回忆能力发展的显著表现。1 岁半至 2 岁的幼儿，常常出现并非当时的模仿，即当刺激物出现时，不是立即模仿，而是过了一段时间以后，突然出现模仿行为。这种延迟模仿和表象的发生发展有关。

知识链接

艾宾浩斯遗忘曲线与学习

遗忘曲线由德国心理学家艾宾浩斯（H. Ebbinghaus）研究发现，描述了人类大脑对新事物遗忘的规律。艾宾浩斯研究发现，遗忘在学习之后立即开始，而且遗忘的进程并不是均匀的。最初遗忘速度很快，以后逐渐缓慢。如图 3－6 所示。

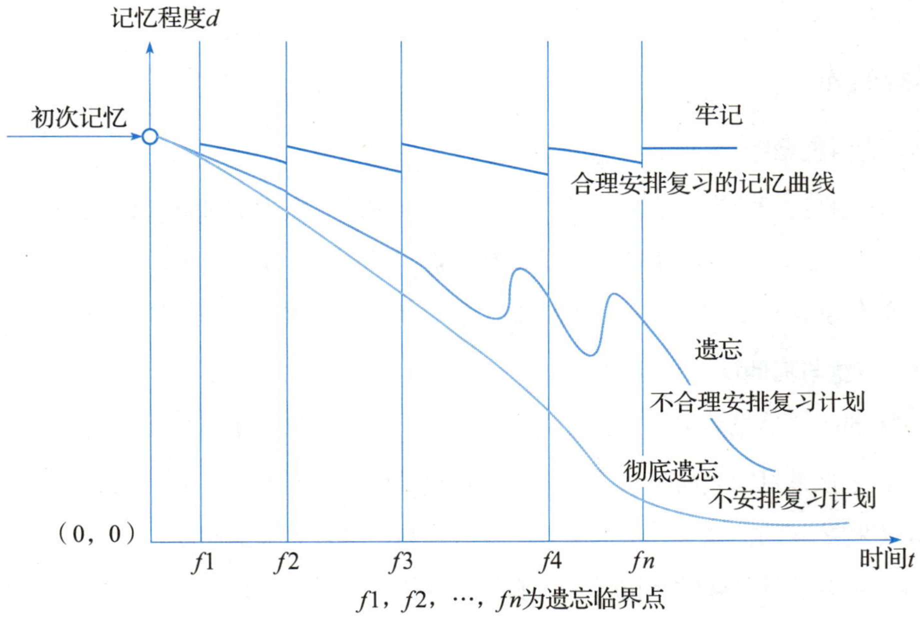

图 3－6　遗忘曲线

在学习中，要善于利用遗忘规律，及时复习，从而提升学习效率。

（1）学会利用记忆周期确定复习点。第一个记忆周期：5 分钟；第二个记忆周期：30 分钟；第三个记忆周期：12 小时；第四个记忆周期：1 天；第五个记忆周期：2 天；第六个记忆周期：4 天；第七个记忆周期：7 天。第八个记忆周期：15 天。

（2）学习时要依据材料的性质确定学习的数量，不贪多求快。

（3）可一定限度地过度学习。

（4）善用识记材料的系列位置。遗忘最多的往往是中间部分。

资料来源：佚名．遗忘曲线［EB/OL］．（2020－03－04）［2023－01－20］．https://baike.so.com/doc/6683446-6897346.html.

第四节 婴幼儿思维的发展

人不仅能认识客观世界的外在现象，还能认识事物和现象的本质和特征，这就是思维在发挥作用。在日常生活中，我们无时无刻不在思维，思维能够帮我们明辨是非、解决问题、探索新知、创造创新。

一、思维概述

（一）思维的概念

思维是指借助于语言、表象或动作实现的对客观事物概括的和间接的认识。它是在感知觉基础上发展起来的一种更高级、更复杂的认知活动，也是婴幼儿心理发展过程中出现较晚的认知活动。思维的发生标志着婴幼儿已经具备了人类的各种认知活动。

（二）思维与其他认知活动的关系

思维不同于感知觉和记忆。感觉和知觉是直接接受外界的刺激，对输入的信息进行初级的加工；记忆是对输入的信息进行编码、存储和恢复；而思维是对信息进行深层次的加工，揭示事物之间的关系，并形成概念，进行判断、推理和解决问题。

思维离不开感觉、知觉和记忆。人们只有掌握了大量的感性材料之后，在记忆的作用下，才能进行更深层次的推理和判断，才能更好地揭示事物的本质特征和规律。

（三）思维的特征

1. 概括性

思维的概括性是指在大量感性材料的基础上，将某一事物的共同特征和规律抽取出来并加以概括，反映出事物之间本质的、规律性的联系。例如，我们学习本节内容，是为了了解婴幼儿思维的特点，这是指处于某一个月龄段或年龄段的婴幼儿思维的共同特点，而不仅仅是某一个婴幼儿思维的特点。概括性在认识活动中起着十分重要的作用，不仅扩大了婴幼儿认识的范围，而且加深了婴幼儿对事物的了解，所以在一定程度上，概括水平也反映了思维的发展水平。

2. 间接性

思维的间接性是指人们借助于一定的媒介和一定的知识经验对客观事物进行间接的认识。因为思维具有间接性，所以人们可以超越感知觉提供的信息，从而更深刻地认识事物的本质和规律。例如，医生根据体温、血液、脉搏的变化与病人的自诉等，就能判断无法直接观察到的病人内部器官的状态。

3. 对经验的改组

思维对经验的改组是一种探索和发现新事物的心理过程，常常指向事物的新特征和新关系，因此，人们需要在头脑中对已有的知识经验进行更新、改组。思维活动常常由一定的问题情境引发，并尝试解决出现的问题，所以说，思维不是简单的再现经验，而是对已有知识经验的改组、重建。

知识链接

思维仅仅是人类特有的吗？

【案例 1】美国学者卡特纳夫妇应用美国北部聋哑人用的手势语言教会一只黑猿华修132个手势，发现华修能使用这些手势语和人类进行交谈。这些手势语中有名词、形容词、副词等。同时，他们发现，华修能将学会的词迁移到同类情境中。如华修学会了“开”门，便可把“开”迁移到“开”厨柜、“开”皮包、“开”盒子、“开”水龙头等情境中去。黑猿华修还能将学得的词汇自动地连成短句，表达一定意思。例如，它学过“开”和“花”的手势语后，会把它们连接在一起，表示要打开房门到花园里去。

【案例 2】著名科学家彭尼和一只雌性大猿科科相处了五年之久，科科从一岁半开始接受训练，到六岁半已学会645个不同的手势，它经常使用的手势有375个左右。科科不但能把人类的一些口语转译成手势语，还会通过手势和路人进行辩论。除了手势语外，科科还学会了符号语言，能通过计算机上的键盘来与人交谈。

【案例 3】某教授专门研究黑猩猩解决问题的能力。他把一只香蕉悬在室内天花板中央，其高度即使黑猩猩跳起来也够不到。室内只有随便乱放的几个板条箱。这项实验的目的是观察这只黑猩猩能否想到先把板条箱堆叠在室内中央，再爬上去把香蕉摘下来。结果发生了有趣的一幕：“那只黑猩猩静静地蹲于一角，注视着正在摆弄板条箱的心理学家。它在耐心地等待。当教授经过房间中央，正好位于香蕉下方时，它立即一跃而起，站上他的双肩，再凭空一跃，把香蕉抓到了手中。”

资料来源：伍叶琴．游戏：婴幼儿思维发展的主要媒介［J］．西南师范大学学报（哲学社会科学版），1998（3）；马正平．从反映走向与创构、应对的结合：对人类思维概念和分类的当代思考［J］．哈尔滨学院学报（社会科学），2002（1）；丁润生．现代思维科学［M］．重庆：重庆出版社，1992.

（四）思维的种类

思维按照不同的划分标准，可以分为不同的种类。

1. 按照任务的性质、内容和解决问题的方法划分

思维按照任务的性质、内容和解决问题的方法可分为直观动作思维、形象思维和逻辑思维。

（1）直观动作思维。

直观动作思维，又称为实践思维，其解决问题的方式依赖于实际动作，动作停止了，思维也就停止了。3 岁以下婴幼儿的思维主要是直观动作思维。

（2）形象思维。

形象思维是指利用头脑中的具体形象来解决问题的思维。这里的形象可以是具体实物，也可以是对记忆表象加工改造形成的新形象及它们构成的形象系统，也包括各种动作的表象以及由人、人的动作、活动场面、自然事物、人化环境等共同形成的“画面表象”。对于婴幼儿而言，他们思维的形象大多是具体的，并且是充满了颜色、形状、声音等的生动的形象。例如，成人给了幼儿一个苹果，接着又给了一个，问幼儿现在有几个苹果，幼儿能够理解说出“两个”，但问幼儿“1 加 1 等于几”时，幼儿则回答不出来。

（3）逻辑思维。

逻辑思维是指运用概念、判断、推理等形式来解决问题的思维，是人类思维的主要形式，也是学生学习主要运用的方式。

2. 按照凭借条件划分

思维按照凭借条件可分为经验思维和理论思维。

（1）经验思维。

经验思维是指凭借日常生活经验进行的思维，婴幼儿常用的思维主要是经验思维。例如，“鸟是会飞的动物”“果实是可食的植物”等就属于经验思维。因经验知识有限性的影响，经验思维容易导致出现比较片面甚至是错误的结论。

（2）理论思维。

理论思维是指凭借科学的概念和论断进行判断或解决问题的思维。例如，我们运用所学的专业知识去解决实际托育问题。

3. 按照探索答案的方向不同划分

思维按照探索答案的方向不同可分为辐合思维和发散思维。

（1）辐合思维。

辐合思维是指根据已知的信息，利用熟悉的规则解决问题的思维。

（2）发散思维。

发散思维是指沿着不同的方向思考，重新组织当前的信息和记忆系统中存储的信息，产生大量独特的新思想的思维。例如，经典的国学小故事“司马光砸缸”。

4. 按照创新程度划分

思维按照创新程度可分为常规性思维和创造性思维。

（1）常规性思维。

常规性思维是指运用已获得的知识经验，按照现成的方案和程序直接解决问题的思维，也称为再造性思维。例如，面对婴幼儿噎食的情况，托育人员立即对婴幼儿进行海姆立克急救操作。

（2）创造性思维。

创造性思维是指能够重新组织已有的知识经验，提出新的方案或程序，并创造出新的成果的思维活动。托育人员要注重从小开始培养婴幼儿创造性思维的能力。

（五）思维的基本形式

1. 概念

概念是具有共同属性的一类事物的总称，是反映事物本质属性的基本形式。每一个概念都包括“内涵”和“外延”两个方面。内涵是对事物特有属性的反映。外延是具有概念所反映的特有属性的那些具体的事物，即适用范围。内涵和外延呈反比关系。

2. 判断

判断是指肯定或否定某种东西的存在或指明某种事物是否具有某种性质的思维形式。例如，掉在地上的饭菜不能放进嘴里吃。

3. 推理

推理是一种间接的判断，是由一个或几个相互联系的已知判断（前提）推出新判断（结论）的思维形式。推理可以分为归纳推理、演绎推理以及类比推理。

归纳推理是一种从特殊到一般的推理过程。例如，由“直角三角形内角和是180°，锐角三角形内角和是180°，钝角三角形内角和是180°”推理出“一切三角形内角和都是180°”。演绎推理是从一般原理到特殊事物的推理过程。例如，由“鸟会飞，麻雀是一只鸟”推理出“麻雀会飞”。类比推理是对事物之间关系的反映。例如，根据“玩具—汽车”示例，推理出“水果—（　　）”，找出与之对应的事物（如“水果—苹果”）。

（六）思维的过程

思维过程是一个动态过程。当我们提及思维时指的是思维的动态过程以及附属于该过程的特征或性质，停止不动的“思维”是不存在的。思维永远只以过程的形式存在，是发生和结束、中止和继续互相交替的过程。

思维的过程也是个体对作用于大脑的客观事物进行分析与综合、比较与分类、抽象与概括、具体化与系统化的过程。

1. 分析与综合

分析与综合是最基本的思维活动。分析是指把事物的整体分解为各个组成部分的过程，或者把整体中的个别特性、个别方面分解出来的过程。例如，引导幼儿认识蒲公英，对蒲公英的花、叶、茎、根等进行细致的观察研究。综合是指把对象的各个组成部分联系起来，或把事物的个别特性、个别方面结合成整体的过程。例如，对婴幼儿进行观察评估时，需要结合婴幼儿的动作发展、言语发展、认知发展、情感、社会性、习惯等六大方面进行综合评估。分析和综合是密切相关的：通过分析，人们可以清楚地认识客观事物；通过综合，人们才能对客观事物的各个部分、个别特征等有机成分形成全面的认识，从对象的有机组成中完整地认识事物。

2. 比较与分类

比较是指确定对象之间差异点和共同点的思维过程。例如，引导幼儿比较苹果和梨子两种水果，通过形状、口感、颜色等方面确定两种水果的不同之处。分类是指根据对象的共同点和差异点，把它们区分为不同类别的思维方式。例如，引导幼儿玩“豆子中拣花生”的游戏，把混在一堆豆子中的所有花生拣出来。比较是分类的基础，在对客观事物的认知中具有重要的意义。只有通过比较才能确认事物的主要和次要特征、共同点和不同点，进而对事物进行分类。

3. 抽象与概括

抽象是指在分析、综合、比较的基础上，抽取同类事物共同的、本质的特征而舍弃非本质特征的思维过程。例如，从燕子、麻雀、喜鹊、乌鸦、鹦鹉等对象中，抽取出它们“有羽毛、能飞”等共同的本质特征，舍弃颜色、大小等非本质特征。概括是指把事物的共同点、本质特征综合起来的思维过程。比如婴幼儿看到鸟，把它和其他动物进行比较，逐渐分清鸟的本质特征（有羽毛、卵生、会飞等）和非本质特征（大小、颜色等），在此基础上，能把这些本质特征综合起来，并把具有这些本质特征的动物都称为鸟。抽象和概括关系密切，抽象是形成概念的必要过程和前提。

4. 具体化与系统化

具体化是指个体把经过抽象、概括而获得的概念、原理、理论应用到某一具体对象上的思维过程。例如，运用所学的教学原理设计早期教育课程。系统化是指根据事物的一般特征和本质特征，按照一定的结构组成层次分明的整体系统的过程。

二、婴幼儿思维的发生与发展规律

婴幼儿思维发生较晚，是在感知觉、记忆过程之后，与言语真正发生的时间相同，即2岁左右。皮亚杰认为，在感知运动阶段（0～2岁），婴幼儿还不能够处理早期的心理图像和记忆，也不会使用象征性符号来代表物体和事件。思维是以形象、符号为工具的内部心理过程。当婴幼儿出现能够处理语言、图像等内在象征性符号的新能力时，标志着前运算阶段的开始，而大部分幼儿的前运算阶段开始于18～24个月。

初次使用语词的概括，是婴幼儿思维发生的标志。在此之前，婴幼儿对客观事物的概括与间接的反映主要依靠动作进行，解决问题的方案也依靠动作进行“设计”。朱智贤在早先发表的论文中提出，在儿童出生后第一年中，由于动作的发展，感觉、知觉和表象的发展，语言的产生和经验的积累，具有一定概括性和间接性的思维就开始产生了。本质上说，在此阶段出现了思维的萌芽。

婴儿期是思维的萌芽期，到1～2岁幼儿期，在个体和环境条件，特别是社会和教育条件的相互作用下，思维获得进一步的发展。婴幼儿的思维主要是直觉行动思维。其主要特点是婴幼儿在感知行动中进行思维，思维活动与感知觉和行动关系密切。随着词语、语言的产生和发展，直觉行动思维的概括性和间接性逐渐加强。

（一）思维的直觉行动性

2～3岁幼儿的思维是在感知行动中进行的，离开了直接的刺激或行动便不能进行思维。这个阶段的幼儿只能考虑自己动作所接触的事物，在动作中思考，一旦离开了事物或不动手操作事物就不能解决问题，不能在动作之外进行思考，更不能考虑自己的动作、计划或预见动作。幼儿的主动性在这个阶段非常低。例如，幼儿身边有一辆玩具汽车，他会拿起来玩汽车的游戏，如果汽车被拿走，那玩汽车的游戏就停止了。

（二）最初的词的概括作用

直觉行动思维的产生，与以词为中介的概括能力的形成密切相关。相关研究发现，最初幼儿的每一个词只标志某一特定的个别事物。例如，“妈妈”一词指的是自己的妈妈，当听到别的幼儿也冲自己的妈妈叫“妈妈”时，他们会困惑不解。随后，词开始标志一组类似的事物，这就出现了最初的词的概括。例如，“花”这个词开始标志红花和黄花，但仅仅是词语表象的结合，是对物体外部特征的概括，还没有形成概念，形成了初步“类”的意识。到 3 岁左右时，幼儿开始用词对一类物体的比较稳定的主要特征进行概括，这就为产生最初步的概念准备了条件。

三、皮亚杰关于婴幼儿思维发展的理论

皮亚杰将儿童思维的发展分为感知运动阶段（0～2 岁）、前运算阶段（2～7 岁）、具体运算阶段（7～11 岁）和形式运算阶段（11～15 岁）。0～3 岁婴幼儿思维的发展主要体现在感知运动阶段和前运算阶段。

（一）感知运动阶段

皮亚杰认为从出生时仅仅具备有限的图式到 18～24 个月时能使用象征性符号这个阶段可划分为六个亚阶段，每个亚阶段都代表某种特定的进步。

（1）第一阶段：反射阶段（0～1 个月）。

这个阶段，新生儿主要运用固有的图式或反射，例如吮吸或看；不能整合来自多个感官的信息，更不能模仿。

（2）第二阶段：初级循环阶段（1～4 个月）。

在先天反射动作的基础上，婴儿开始能够协调不同的感觉信息，例如视觉和听觉的协调，当某一个地方发出声音时，婴儿会望向发出声音的方向。同时，婴儿会出现简单的重复行为，由婴儿自己的身体来组织，通过重复一些动作以使自己期望的某种结果出现。例如，某一天婴儿突然吮吸到自己的拇指，觉得很有意思，然后会重复这个动作。此时婴儿还不会将躯体行为与某个身体外部的结果联系起来。研究表明，新生儿可以模仿一些面部动作，尤其是吐舌头的动作，但其模仿的能力非常有限，虽然可以模仿吐舌头，但不能模仿张嘴的动作。

（3）第三阶段：次级循环阶段（4～8 个月）。

此时，婴儿会继续出现重复行为，但与之前的不同在于婴儿表现出的重复行为开始指向外部的物体，意在引发外界的反应，促使外部事件再次发生。例如，婴儿发出咕咕的声音，如果妈妈给予微笑的反应，婴儿就会继续发出咕咕的声音，显然婴儿想再次让妈妈微笑；婴儿反复敲打某一个玩具小汽车，使其能够再次移动；等等。同时，婴儿会出现模仿行为，但仅仅是婴儿内在图式范围内的模仿。此外，婴儿开始理解物质概念。

（4）第四阶段：次级图式的协调阶段（8～12 个月）。

此时，婴儿开始真正理解因果关系，开始进行高级别的探索。婴儿开始具有清晰的有意的“手段-目的”行为，不仅仅追求自己想要的，也能够结合两种图式来达到目的，例如移开阻挡物获得玩具。同时，婴儿有了对新行为的模仿，能够将某种感官的信息传递到另一感官。

这一阶段的婴儿已获得客体永久性，客体永久性是更高层次认知活动的基础，表明婴儿开始在头脑中用符号来表征事物，但还不能用言语和抽象符号为事物命名。

（5）第五阶段：三级循环反应（12～18 个月）。

这个阶段，幼儿不再满足于重复一开始的触发行为，能够对此前的多种行为进行有意的试验，进行目的性的“试错探索”。例如，幼儿可能会发出很多不同的声音，做出各种表情来看妈妈是否会微笑；或者试图用不同方式、朝不同的方向摆弄小汽车，来观察小汽车是否会朝新的方向移动。这个阶段，幼儿的行为是有目的的，带有实验性质。

（6）第六阶段：象征性思维的开端（18～24 个月）。

幼儿能够运用不同的象征性符号来代表物品或事件，能够理解象征性符号和物品是分离的。同时，幼儿思维的概括性、间接性和抽象性进一步发展，不用通过尝试而是突然的理解或顿悟，寻找到新的方法去解决问题。例如，幼儿在玩嵌板游戏时，会仔细观察，寻找合适的位置，然后放到对应的位置。与此同时，创造性的模仿、延迟模仿开始发展。

（二）前运算阶段

皮亚杰在 2～7 岁儿童行为的很多方面都看到了象征性符号的运用。前运算阶段分为前概念阶段或象征性概念阶段（2～4 岁）和直觉思维阶段（4～7 岁）两个阶段。这里重点介绍前概念阶段。

在前概念阶段，幼儿出现符号功能，即用某种“信号物”代替另一事物的能力。由于符号功能的出现，幼儿开始从具体动作中摆脱出来，在头脑中进行表象性思维。这一阶段幼儿的行为模式主要包括延迟模仿和象征性游戏。

（1）延迟模仿，即原型消失以后，模仿才开始，标志着表象的开端和信号物的开端。

（2）象征性游戏，也称伪装的游戏，即幼儿佯做一定的动作来游戏。在这种“伪装”中有鲜明的表象做支持。例如，幼儿在游戏中把纸巾当成小被子给玩具娃娃盖上。

知识链接

重要术语解释

图式：也称生物形态学的图式，是指人的大脑中已有的知识经验的网络，它表征特定概念、事物或事件的认知结构，影响着对相关信息的加工过程。

客体永久性：指幼儿理解了物体是作为独立实体而存在的，即使个体不能感知到物体的存在，它们仍然是存在的。

表象：指人的大脑中出现的关于事物的图像或者像图画一样的心理表征。

资料来源：彭聃龄．普通心理学［M］．5 版．北京：北京师范大学出版社，2019.

四、婴幼儿思维能力的培养

（一）在活动中促进婴幼儿思维能力的发展

婴幼儿逐渐学会站立行走，视野随之扩大，他们开始进一步探索周围丰富多彩的世界，这对婴幼儿的思维发展是非常重要的。首先，随着认知范围的扩大，婴幼儿的感知觉不断发展，促使婴幼儿在直觉中分析、综合并思考眼前的行动问题，从而使婴幼儿的直觉行动思维得到发展，并为具体形象思维的发展打下基础。其次，通过精细动作的发展，婴幼儿逐渐形成了对隐藏在物体当中的复杂的属性和关系进行初步分析综合的能力，丰富了婴幼儿的感性认识，从而促进了婴幼儿直觉行动思维和具体形象思维的发展。

所以，在生活中，在保证安全的前提下，家长应给孩子创造一定的活动条件，鼓励孩子“多动”，不过多限制孩子的行为。例如，家长可以给孩子布置一个小小的玩具空间，让孩子在这个乐园里随意玩耍，对玩具进行拆装。同时，家长应给予适当的帮助与指导。

（二）在游戏中发展婴幼儿的思维能力

发展婴幼儿思维能力必须紧紧地围绕游戏活动进行。

第一，游戏活动提供了婴幼儿思维活动的材料。婴幼儿游戏活动的特点之一，是要对那些与游戏有关的现象和事件采取描述的态度。这就促使婴幼儿从感知到的东西中选取最主要的、最新的、同游戏构思和活动有直接关系的东西，在婴幼儿的经验中逐步巩固的这些东西也就成为思维的材料。

第二，游戏活动给婴幼儿创设了解决问题的情境，提出了思维的课题，提高了解决问题的能力。游戏活动创设了各种解决问题的情境，在各种不同的情境中会产生各种不同的问题。这些问题与游戏中产生的需要有关，即进行游戏的婴幼儿产生了要去认识那些尚未认识的东西的实际需要，以及要去补充那些在游戏过程中所暴露出来的关于现象和事件的不完善的知识的实际需要。在每一种独立游戏中，婴幼儿为了满足这些需要提出一定的目的，游戏的过程是婴幼儿选择实现目的的手段和过程，游戏的结果是实现目的。值得一提的是，这些在游戏中解决问题的思维方式不是抽象的词语、公式所能取代的。因此，游戏对婴幼儿思维的发展，特别是对幼儿思维的发展具有十分重要的意义。

（三）多向婴幼儿提问并鼓励婴幼儿多提问

为什么要思维？因为有问题。思维总是指向客观现实的某个问题的，思维的过程体现在解决问题的活动中。婴幼儿刚刚来到这个世界上，世界对他们来说是非常奇妙的，好奇心也是人的一种天性，他们会向家长提出多种多样的甚至离奇的问题。对于孩子提出的问题，家长应该给予恰当的、正确的答复。所谓恰当、正确，就是指符合婴幼儿的年龄特点、心理特点，并且给予鼓励。面对离奇的问题不训斥，面对解决不了的问题不敷衍，以防挫伤他们的积极性。除了鼓励孩子多提问，家长还应向他们提出多种多样的在成人看来很简单的问题，引导他们去观察、思考。

（四）让婴幼儿多听、多讲故事

婴幼儿期的孩子非常爱听故事，家长应该经常给孩子讲一些适合其心理发展水平且具有一定教育意义的生动优美的故事。在听故事时，婴幼儿会对已获得的感性认识进行复习整理，在此过程中了解到事物间的各种联系，从而有效地促进思维能力的发展。

讲故事时要考虑婴幼儿的年龄特征，速度不宜太快，故事要短，情节要简单、有趣。家长不仅要给孩子讲故事，也要鼓励孩子自己学习讲故事。在讲故事时，孩子会获得大量感性材料并进行重新整理、加以运用，使思维处于积极的活动状态之中，同时也能培养孩子的概括能力和言语能力，从而促进孩子思维能力的发展。不仅如此，讲故事还能有效地发展婴幼儿的想象力，培养婴幼儿思维的创造性。

（五）培养婴幼儿的言语能力

思维和语言是紧密联系在一起的，语言是思维的工具，是思维的物质外壳。从种系发展过程来看，语言是思维发展的主要推动力量。从个体发展看来，语言促进了思维的发生与发展。所以，思维离不开语言。0～3 岁婴幼儿的思维主要是直觉行动思维，思维主要依靠动作来进行。随着语言的发展，婴幼儿的思维更具有目的性，初步概括能力也得到发展。同时，婴幼儿思维能力的发展又反过来促进其言语能力的发展，两者相辅相成。以上所讲的丰富婴幼儿感性认识的方法以及让婴幼儿多听、多讲故事的方法都能促进婴幼儿言语能力的发展，这里不再赘述。应该明确的是，此处所说的婴幼儿言语能力的发展主要是指口头言语的发展。

本章小结

婴幼儿认知活动的发展包括感知觉、注意、记忆、思维等方面。本章首先对感知觉、注意、记忆、思维等认知活动的概念、种类和特性等内容进行简单介绍，方便学习者理解相关的知识点；重点阐明了婴幼儿在感知觉、注意、记忆、思维等方面的发展特点和规律，并提出培养策略及方法。

思考与练习

一、单项选择题

1. 注意是人的心理活动对一定对象的（　　）。

A. 需要与态度　　B. 观察与思考　　C. 分配与稳定　　D. 指向与集中

2. “一目十行”“眼观六路，耳听八方”指的是注意的（　　）。

A. 广度　　B. 稳定性　　C. 转移　　D. 分配性

3. 0～3 岁婴幼儿注意的特点是（　　）。

A. 不随意注意占优势

B. 随意注意占优势

C. 注意的发展不受语言的支配

D. 不随意注意和随意注意均衡发展

4. 婴幼儿在绘画时常常顾此失彼，说明婴幼儿注意的（　　）较差。

A. 选择　　B. 分配性　　C. 广度　　D. 稳定性

5. 听到一声巨响，婴幼儿马上转头过去，这是（　　）。

A. 不随意注意　　B. 随意注意　　C. 随意后注意　　D. 有意注意

6. 当刺激多次重复出现时，婴幼儿好像已经认识了它，对它的反应强度减弱，这种现象称作（　　）。

A. 记忆的潜伏期　B. 回忆　C. 客体永久性　D. 习惯化

7. 从记忆发生的顺序来看，婴幼儿最晚出现的是（　　）。

A. 情绪记忆　B. 形象记忆　C. 语言记忆　D. 运动记忆

8. 乐乐听到自己喜欢的儿歌《祖国、祖国我爱你》时，高兴地说："妈妈教我唱过。"这种记忆现象是（　　）。

A. 再认　B. 识记　C. 保持　D. 再现

9. 3 岁前婴幼儿的记忆一般不能永久保持的现象称作（　　）。

A. 暂时性遗忘　B. 幼儿期健忘　C. 记忆恢复　D. 偶发记忆

10. 皮亚杰认为幼儿思维发生的时间是（　　）。

A. 1 岁　B. 2 岁　C. 3 岁　D. 4 岁

二、多项选择题

1. 婴幼儿注意分散的预防措施有（　　）。

A. 防止无关刺激的干扰

B. 制定合理的作息和饮食制度

C. 培养良好的注意习惯

D. 灵活运用不随意注意和随意注意

2. 思维的主要特征是（　　）。

A. 间接性　B. 概括性　C. 对经验的改组　D. 本质性

三、简答题

1. 简述记忆的种类。

2. 简述皮亚杰提出的婴幼儿思维发展的感知运动阶段的六个亚阶段。

四、案例分析题

在"抱娃娃"游戏中，丽丽争着要当"妈妈"。她耐心地抱着娃娃哄，并对它喃喃细语。哄了一会儿，她说："宝宝饿了，该吃饭了，我去拿饭。"说着，她把娃娃放在"床"上走开了。在丽丽去"拿饭"的路上，她看到楠楠和林林在沙坑里搭起一座"小花园"，立刻就被吸引了，忘了"还饿着的宝宝"，加入了楠楠和林林的游戏。请问：这是什么原因呢？

第四章　婴幼儿言语的发展

本章结构图

- 婴幼儿言语的发展
  - 婴幼儿言语概述
    - 言语与语言
    - 言语的种类
    - 言语发展的特征
    - 言语的功能
  - 婴幼儿言语的发生与发展
    - 婴幼儿前言语的发展
    - 婴幼儿言语的发生
    - 婴幼儿言语的发展
  - 婴幼儿言语能力的培养
    - 提供丰富的语言环境
    - 完善和优化家庭语言环境，提高教养环境中家长的语言素养
    - 创设互动的语言环境，提高互动质量
    - 理解婴幼儿言语发展的不足
    - 重视游戏对婴幼儿言语发展的价值

学习目标

知识目标

1. 知道言语与语言的联系与区别。
2. 了解前言语阶段婴幼儿言语的发展。
3. 掌握婴幼儿言语发展的具体表现。

能力目标

1. 学会如何培养婴幼儿的言语能力。
2. 能够根据婴幼儿言语发展的年龄特征，为婴幼儿提供科学有效的早期教育。

素养目标

1. 文明用语，身正为范。
2. 尊重婴幼儿言语发展规律，树立科学的教育观、儿童观。

情景导入

对于父母来说，世界上最动听的声音非第一声“爸爸”“妈妈”莫属了。有时候，新手爸爸妈妈还会因为宝宝第一声喊的谁而吃醋！当宝宝的发音听起来更像“爸爸”时，妈妈甚至觉得委屈。然而，婴儿的这一次发音是否有交际意义呢？婴儿什么时候能够开口说话，在开口说话以前需要有哪些准备？婴幼儿言语发展的特点是什么呢？这一章我们将揭开婴幼儿言语学习的奥秘。

第一节　婴幼儿言语概述

一、言语与语言

（一）概念的界定

言语是个体借助语言传递信息的过程（听、说、读、写），包括言语感知、言语理解和言语表达等。

语言是有意义的符号的系统排列，是以语音或文字为物质外壳、以词汇为基本单位、以语法为结构规则而构成的体系。语言是信息交流的基础与工具。

（二）联系与区别

1. 联系

语言和言语是相互依存的，语言既是言语的工具，又是言语的产品。语言不能脱离言语活动而独立存在，语言存在于言语中，必须通过言语活动才能发挥作为交际工具的职能；言语也离不开语言，语言是工具，是静态的，言语是对工具的运用，是动态的，言语就是在特定的言语环境中为完成特定的交际任务而对语言的使用。

2. 区别

从研究领域来看："语言"属于"语言学"的研究对象，它研究的是符号系统的形成、演变和内部结构规律；而"言语"则属于"心理学"的研究对象，它研究的是个体是如何掌握和运用符号系统的。

从特点来看：语言是一种社会现象，是社会上约定俗成的符号系统，具有稳定性；而言语是一种心理现象，是个体对语言的运用过程，具有很强的个体性和多边性。

二、言语的种类

言语分为外部言语和内部言语两类。出声的自言自语是儿童由外部言语向内部言语转换的过渡形式，如图 4 - 1 所示。

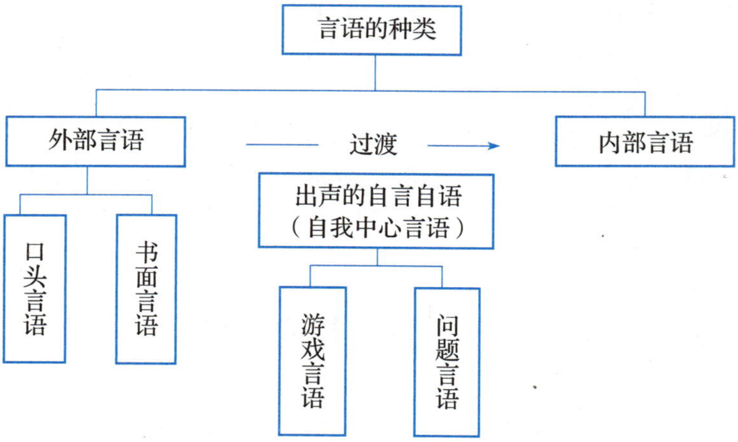

图 4 - 1　言语的种类

外部言语是指通过听、说、读、写等方式进行交际活动的言语，包括口头言语和书面言语。口头言语是通过发音器官发出语音表达思想的言语，包括对话言语和独白言语。对话言语是指发生在两个或者两个以上的人之间的言语，常见的有聊天、讨论等形式；独白言语是指一个人独自进行的时间较长且连贯的言语，常见的有演讲、报告等形式。书面言语是指借助文字符号来传递思想的言语，包括认字、写字、阅读、写作。儿童先学会认字，后学会写字；先学会阅读，后学会写作。常见的有书信、报刊等形式。

出声的自言自语是指儿童指向自己的言语，有助于控制自己的行为。它是外部言语向内部言语的一种过渡形态，既有外部言语的特点，又有内部言语的特点。儿童自言自语出现在 4 岁左右，包括“游戏言语”和“问题言语”。游戏言语是指儿童在游戏或绘画中出现的言语，表现为一边做动作一边言语，用言语补充和丰富自己的行动，指导自己的行为。问题言语是指儿童遇到问题或困难时出现的言语。皮亚杰将儿童的自言自语称为“自我中心言语”。

内部言语是不出声的言语，是在外部言语的基础上出现的一种言语的特殊形式，具有发音隐蔽、语句简略、不完整的特点。

三、言语发展的特征

（一）接受性言语先于表达性言语

个体听到他人讲话时能够理解的语言为接受性言语；个体能够表达出来的语言为表达性言语。在儿童言语活动的发生发展过程中，两种过程并不是完全同步的。儿童能够理解的词比他们能够表达出来的词要多得多。因此，接受性言语的发生发展先于表达性言语。

（二）经历非言语交际—口头言语—书面言语的过程

婴儿主要通过手势或其他非言语反应形式（如面部表情）与同伴沟通。随着言语的发生，语言开始发挥交际功能，口头言语成为儿童言语的主要形式。5～6 岁，儿童出现书面言语，学前期是儿童书面言语发展的准备阶段。

（三）经历外部言语—出声的自言自语—内部言语的过程

婴幼儿言语的发展主要表现为外部言语的发展，尤其是口头言语的发展。4 岁左右出现由外部言语向内部言语的过渡形式——出声的自言自语。内部言语是在外部言语的基础上发生的，幼小的儿童没有内部言语。6 岁左右的儿童在完成任务时，会先在头脑中思考，然后开始行动。

四、言语的功能

言语具备很多功能，它是交流、思考和自我调节的工具。

（一）交流

语言交流的有效性是很明显的。在日常生活中，要与他人交谈，就必须意识到听众理解谈话内容的能力如何，因而适于信息传递的内容、时间和方式非常重要。婴幼儿考虑其他人看法的能力不成熟，很容易认为他人理解自己就像是自己理解自己一样，一般情况下，他们不会意识到自己的信息是不完全的，如果发现自己所说的对听者而言毫无意义，他们就会觉得沮丧。所以婴幼儿需要学习社会交往中使用语言的一些规则，例如交替谈话规则。因此，社交技巧和语言技巧密切相关，对有效交流非常重要。

（二）思考

第三章中提到，语言符号是思维过程的有力工具。维果茨基把语言看作是人类所拥有的最重要的心理工具，能够改变我们思考世界的方式。他把自我言语看作是思维的外部具体化形式，年幼的儿童在解决问题时经常用它来指导思维和计划行动。3 岁左右的幼儿已经知道交流言语和自我言语的不同。

（三）自我调节

语言影响的不仅是思维，还有行动。弗罗（1984）观察发现，2 岁幼儿在家玩耍时会用语言给自己下指令，如“不，不是那里”“放下来”等等。自我言语的发展逐渐提升了自我控制能力。卢利亚发现，约 3 岁时，他人的言语指导能激发一项行为但不能抑制它。例如，你给一个孩子一个气球，并发出“挤”的动作指令，幼儿就会做出挤压气球的行为，当发出“停”的指令时，幼儿会再次挤压气球。

第二节　婴幼儿言语的发生与发展

言语活动是双向的过程，既包括感知和理解他人言语信息的过程，也包括自己发出言语信息表达思想的过程。

一、婴幼儿前言语的发展

通常人们把儿童说出第一个有意义的词（1 岁左右）作为言语发生的标志。因此，在婴幼儿开口说话之前有一个较长的准备时期，为言语的发生做准备，包括言语的理解和发音准备，我们称之为前言语阶段，或者言语准备期。虽然婴幼儿尚未学会说话，但从出生第一天开始，他们就已经能对语言迅速做出反应。语言潜质是人类遗传的结果，儿童从一出生就“准备好语言”了，并在各种条件下发展理解和产生言语的能力（Pinker，1994）。

（一）语音知觉

语音知觉是指对语音类别的识别和辨别。婴儿会有选择地注意某些发音，即出现语音偏好。如：新生儿听到言语声音比听到乐器或其他有节奏的声音时吮吸要快（Butterfield & Siperstein，1972）；婴儿逐渐能够辨别人的语音和其他自然声音；出生三天的婴儿已经能辨认出母亲的声音，而且与陌生女性的声音相比，对母亲的声音表现出更多的偏爱（Decasper & Fifer，1980）。

语音的范畴知觉是指个体对两个发音是相同还是不同进行分辨的能力。与成人不同，婴儿最初（1～4 个月）可以分辨几乎所有跨母语或非母语音位界限的语音范畴对比，表现出典型的范畴知觉效应，如果缺少相关的语言经验，会导致相应的非母语范畴对比分辨能力的下降。

为了传达不同的信息，成人会有规律地变换语调，他们善于利用升调吸引婴儿注意，而利用降调安慰心情低落的婴儿，唤起他们的积极情绪。比如，成人常用音调较高的儿童指向型言语吸引婴儿的注意。婴儿不仅可以区分不同的语调，而且能够很快识别不同语调所具有的特殊意义，2～6 个月的婴儿能够用与刚刚听到的语调相匹配的声音做出回应（Fernald，1989，1993）。

知识链接

儿童指向型言语

跨文化研究发现，成人会自动使用一种提高音调、拖长词语发音、节奏清晰、重复词汇的说话方式与婴儿交谈。心理语言学家称之为儿童指向型言语，或者母婴语言、妈妈语。与成人之间的“平淡”言语相比，从出生开始，婴儿就对这种母婴语言表现出更多的关注。脑科学研究表明，婴儿大脑中的电子信号会随着母婴语言中的大节奏变调跳动，出现脑电波同步的现象。而且在婴儿能够听懂一些单词之前，他们就可以理解父母语气里携带的一些信息了。随着儿童言语的发展，这种母婴语言的长度和复杂性进一步增加，儿童可以不断地接触新的语义关系和语法规则，而且这些语言知识还会出现在他们的简单言语中。

资料来源：谢弗．发展心理学：儿童与青少年［M］．邹泓，等译．北京：中国轻工业出版社，2005.

（二）发音准备

1. 简单发音阶段（1～3 个月）

婴儿最初的发音是哭，在吃奶、咳嗽、“用劲”或者身体感觉不舒服时都会啼哭，这是不受婴儿自己控制、肺部扩张空气通过喉头发出的声音，属于非自控音，李宇明把婴儿出生 1～20 天称为非自控音阶段。2 个月以后，婴儿不哭时也开始发音，能够发出一些单音节，基本的韵母发音较早，如 a、o、e、i、ie、ou 等；声母很少，主要是 h、m，可能会出现在给婴儿喂奶之后，这时的婴儿处于清醒、警觉或者心满意足的状态。

2. 连续音节阶段（3～8 个月）

这个阶段婴儿的发音从单音节过渡到重叠多音节，出现了元音/辅音组合。韵母增多，b、d、g、p、n、f 等声母也开始出现，而且经常连续重复相同或相似的音节，如 da—da—da，a—ma—ma，a—ba—ba—ba—ma 等，在婴儿情绪好的时候特别是成人逗他的时候发音更多，这些音节听起来像词，但不传达意义，全世界儿童（甚至是耳聋儿童）都会发出类似的音节，但不久之后，耳聋儿童便会远远落后于听力正常的儿童。

3. 模仿发音—学话萌芽阶段（8～12 个月）

这个阶段的婴儿能模仿发音，经常会在特定的情境中发出特定的声音，为学说话做准备。由连续重复同一音节发展到不同音节的连续发音，同一音节的四声音调均已出现，虽然听起来像正式说话，但仍然没有意义；近似词的发音增多，如 jiě～jiě（姐姐）、mào～mào（帽帽）等。而且婴儿开始模仿成人发音，进入学话萌芽状态；在成人的引导下，婴儿逐渐能够将一定的“音”与具体的事物联系起来，即婴儿所发的音开始具有一定的意义，但这些一定的“音”没有概括性，所以婴儿还没有真正掌握“词”，处于掌握词和用语言进行交际的萌芽阶段。

（三）言语理解的准备

8～9 个月时，婴儿能够理解成人的一些语言，表现为能理解家长发出的简单命令，并做出相应的反应。如家长说：“跟阿姨再见！”婴儿就会做出挥挥小手的动作。此时，婴儿对语言的反应是与特定情境和语调相联系的，而不是词的意义，不具有概括性。如果改变语调或者情境，婴儿则不做出反应。如成人说出“灯”时，婴儿只能对家里的灯做出语言反应，而对其他地方的灯则不能建立联系。

在一项研究中，母亲让 11～13 个月的幼儿看一个对他来说很熟悉的物体，说出物体名称之后将其移出幼儿的视线，不能用手势或其他非言语线索引导幼儿注意。结果发现：大多数 11 个月的幼儿不理解表示物体名称的词语的意思，表现为他们凝视错误刺激物和词语指代物的可能性相同，而 12～13 个月的幼儿能意识到每个词语代表的特定意义，可以专心盯着词语指代物，但一般都是幼儿能够理解的词语多，而说出来的很少。我们将儿童能够理解但是不能主动说出的语言称为被动性语言，这种语言很难发挥交际功能，只有出现主动语言，即既能理解又能说出的语言，才标志着语言的产生。奥维特（Sharon

Oviatt，1980）研究发现，12～17个月的幼儿在能够使用许多名词和动词之前，就理解了这些词的意思。

（四）言语沟通的准备

年幼的婴儿似乎将说话看作制造声音的游戏，游戏目的是与同伴保持一致。婴儿的发音行为是被动的、不自主的，没有形成语音沟通意识，既没有通过声音与成人交流的意识和愿望，也没有意识到他发出的声音是一种与他人交流的手段和改变环境的工具。

轮流谈话是进行言语交流的前提。7～8个月的婴儿能在同伴说话时保持安静，等对方停止讲话时会发出声音作为回应。到9个月的时候，婴儿已经能清楚地理解谈话的交替规则，在成人没能遵守交替规则使谈话发生中断时，婴儿可能会发出声音催促其重新开始。

8～10个月的婴儿能够用“指物”的方式，唤起他人对该物体的注意，或者通过拖拽照顾者衣服的方式寻求拥抱等。这个阶段婴儿通过手势或其他非言语反应形式（如面部表情）与同伴沟通，其中一些手势像词语一样发挥作用，如用伸开手臂的动作表示飞机。当儿童开始学会说话时，就会用手势或语调线索来补充所要表达的意思。

二、婴幼儿言语的发生

婴幼儿一般在10～14个月会说出第一个词，有的可能早在第9个月的时候就已经能够说出。关于如何判断婴幼儿是否说出了第一个词，主要有两种不同的观点：一种观点是当婴幼儿能够理解词，并且发出与成人说出的词相近的声音时，视为说出了第一个词。另一种观点则更为严格，认为只有婴幼儿能够对人、事件或者物体进行清晰一致的命名时，第一个词才真正产生。比如婴儿能够把“mama”这个词一致应用到自己妈妈身上而不是别人，才算得上第一个词。我国研究者认为，儿童掌握词有三个标准：自发说出；有一定的意义；具有概括性（许政援，2002）。

婴儿6个月左右的时候就能发出“baba”的连续重叠音节，但是它没有实际意义，因为婴儿此时并没有将音和义联系在一起，这个音也不具有概括性。只有婴儿能够发出声音，并且能够运用于各种情境来传递自己的意愿、表达自己的思想时，这个音才具有词的意义，言语才真正发生。

三、婴幼儿言语的发展

1岁以后，幼儿正式进入言语发展阶段，在短短两三年的时间内，幼儿就能初步掌握母语。1～1.5 岁的幼儿理解言语的能力提高得很快，在此基础上开始主动说出一些词；2 岁以后，幼儿言语表达能力迅速发展，逐渐能用较完整的句子表达自己的思想。

婴幼儿言语的发展主要表现为语音、语义、语法和语用的发展。

（一）语音的发展

1～1.5 岁，幼儿语音发展较快，21 个月左右语音发展基本成熟，但发音不够准确。3～4 岁时发音能力提高很快，初步掌握母语的全部语音。语音的发展主要表现为以下几个方面。

1. 语音发展的扩展和收缩趋势

婴幼儿学习语音的过程，会经历由扩展到收缩的趋势。婴幼儿从不会发出音节清晰的语音，到能够学会越来越多的语音，是语音的扩展趋势，3～4 岁的幼儿很容易学会世界各民族语言的发音。当幼儿掌握母语语音后，其语音逐渐趋向收缩，再学习新的语音时会出现困难。

2. 发音的正确率逐渐提高

研究发现，发音不准的幼儿人数的百分率随年龄增长而降低。3 岁左右幼儿由于生理上不够成熟，不能恰当地支配发音器官，不善于掌握发音部位与发音方法，导致出现发音不准的现象较多。幼儿发音错误主要集中在辅音，如 zh、ch、sh、z、c、s 等。除此之外，语言环境也是影响发音的重要因素。

3. 元音、辅音逐渐成熟

吴鸿业等（1982）研究表明，儿童元音和辅音出现的时间相同，婴儿出生后的第一声既有元音也有辅音，其成熟的时间也大致相同，大致在一岁半时基本成熟。单元音比复元音发展快、成熟早。

（二）语义的发展

语义是指某种语言的意义系统，婴幼儿理解语义包括词义和句义两个方面。

1. 词义的发展

虽然人们对婴幼儿是否说出第一个词的判断标准观点不一致，但不可否认的是，一旦婴幼儿开始生成词语，词汇量就会迅速增长。婴幼儿词义的发展主要表现在以下三个方面：

（1）词汇数量的增加。

一般来说，婴幼儿最初学习词语是比较慢的，而且需要对每个词语进行多次重复。大多数语言学家认为在最开始使用词语的阶段，婴幼儿会将每个词语都与特殊的情境联系起来，还没有意识到词语是象征的——它指代的是某一个物体或事件，不管在什么地方都如此。

16～24 个月时，大多数幼儿开始快速地学会很多新的词语，似乎能意识到事物都有各自的名字。相关研究表明，16 个月左右幼儿词汇量大约是 50 个，到 24 个月时，几乎增加到 16 个月时的 6 倍。这个阶段，幼儿在不重复的情况下也能够学会新的词语，并将这些新的词语用到更多的情境中。16～24 月龄这个阶段也称为“命名爆发”阶段。“命名爆发”并非是一个稳定的逐渐发展的过程，是在幼儿掌握 50 个词语的时候开始的。在词汇量快速增长的早期，幼儿掌握的大多数新词语都是事物或人的名字，动词要稍晚一些。有研究表明，2 岁前幼儿掌握的词汇中 59%为名词。

之后幼儿继续以惊人的速度学习词语，大约到两岁半时，平均词汇量是 600 个，其中动词占 1/4。3 岁的幼儿词汇量可达到 1 000 个左右。

研究者发现，3 岁也是幼儿学习新词语里程碑式的重要阶段。幼儿开始能够整组整组地注意到各种词语，诸如可归入一个种类的代表不同事物的词汇（例如不同水果的名称）或有相似含义的近义词。总体上来说，幼儿期是人一生中词汇增加最快的时期。

（2）词类范围的扩大。

词类范围的扩大表现在婴幼儿掌握各类词的顺序和词类的运用两个方面。

词可以分为实词和虚词。实词是意义比较具体的词，包括名词、动词、形容词等；虚词是意义比较抽象的词，包括副词、连词、介词、助词等。婴幼儿最先掌握的是实词，以名词为主，其次是动词、形容词，最后是数量词。已有研究表明，在 2～6 岁儿童的话语中虚词只占 10%～20%。

（3）词义理解的确切和加深。

婴幼儿在理解词语意义时会经历一个快速匹配的过程，也叫快速映射。研究表明，13～15 个月的幼儿能够快速了解新词的意思，尤其是动作或活动的名字；18～20 个月的幼儿只有在与讲话者共同关注被命名的物体或活动时，才能理解新词的意思；到了 24～30 个月时，幼儿比较擅长推断讲话者谈论的对象，并且能够快速学会指代物体的新词，并不受其他事件的干扰。婴幼儿的快速映射能力随着年龄的增长会有明显的提高。

知识链接

快速附带性学习

快速附带性学习是评估儿童快速映射能力最常用的指标，是儿童日常生活状态下，在缺乏明显的参照或成人提示时学习新词的能力的一种非结构化评估方式。

1978 年，凯里（Carey）第一次发现儿童听到一个新词会将它与这个词可能的意义联系起来，并将这种儿童猜测词义的过程称为快速映射，这也被认为是儿童学习词汇的第一步。

现有研究表明，儿童语言能力和刺激频率是儿童学习新异词汇的重要因素。PPVT 测试量表（儿童图片词汇测试）是国内外公认的能够反映受测者语言能力的量表。语言能力高的儿童比语言能力低的儿童更容易获得对新异词汇的理解，他们对新异词汇表现出好奇心强、注意力集中的特点。另外，新异词汇的刺激频率越高，对儿童新异词汇的习得影响越突出，但随着其他词汇学习策略的出现，刺激频率的影响会显著降低。我国研究者王艳霞等人研究发现，在最小刺激频率为 3 次的情况下，语言能力高的儿童能够平均习得 3.5 个新异词汇，最高能习得 6 个新异词汇，而语言能力低的儿童平均习得 2 个新异词汇，最高习得 4 个新异词汇；在刺激频率为 10 次的情况下，语言能力低的儿童才能达到和语言能力高的儿童一样的新异词汇理解水平。

资料来源：谢弗．发展心理学：儿童与青少年［M］．邹泓，等译．北京：中国轻工业出版社，2005.

婴幼儿“理解词”的能力迅速发展，到 1 岁时已经能够理解几十个词，表现在能根据成人的指示行动。婴幼儿先理解意义比较具体的词，以后才开始理解比较抽象概括的词，但仍然较难理解词的隐喻义和转义。例如，妈妈说：“那小女孩长得真甜呀！”孩子就说：“妈妈，你尝过她吗?”我们把婴幼儿有时候能说出但是不能真正理解，或者理解了但是不能正确运用的词称为消极词汇。比如婴幼儿在使用词语时出现的过度泛化和扩展不足的现象。过度泛化是指婴幼儿用一个词语指代更为广泛的物体、动作等（如用“鸟”来指代飞机）；扩展不足则是指用一般化词语指代较小范围内的物体、动作等（如“桌子”特指自己家里的小圆桌）。积极词汇是指婴幼儿自己能说能用的词汇，1.5 岁左右婴幼儿的积极词汇明显增多，能说出的大部分是名词，其次是动词和个别形容词。

在英语语境中，研究者发现 3 岁时幼儿能使用名词的复数形式（＋s）和所有格形式（如 his）、过去式（＋ed）、冠词（如 a、the）等，并且能够拓展到理解陌生的甚至是不存在的单词。例如，在一个实验中，向幼儿呈现一张像鸟的图片，并告诉他们它的名称是“wug”，然后再呈现给他们含有两只“wug”的图片，结果他们能根据名词的复数形式的规则填“这里有两只 wugs”。这种现象也出现在幼儿对名词所有格形式和第三人称以及动词过去式的理解和运用中。

2. 句义的发展

婴儿在说出第一个有意义的词以前就能够根据说话者的表情、动作及自身所处的情境等理解简单的句子。1 岁以后幼儿在说出双词句以前就能理解多个词义和它们之间的关系。2～3 岁的幼儿喜欢听成人讲故事、唱儿歌等，能理解其中并不是他们直接感受到的事物的内容。

（三）语法的发展

幼儿言语中最初出现的是单词句和双词句等不完整句，以后才逐渐出现完整句。

1. 不完整句（1～2 岁）

（1）单词句（1～1.5 岁）。

单词句是指用一个词代表的句子。1 岁开始，幼儿能主动说出有意义的词，然而这个单词并不是与具体的对象相联系，而是与特定的情境相联系，具有单音重叠、一词多义、以词代句等特点。这些单词可以发挥不同的沟通作用，如果想要他人理解自己，可能还要借助手势或语调线索。例如，一个幼儿指着妈妈的鞋子说“妈妈”，可能是在表达这样的意思：“妈妈的鞋子”。

（2）双词句（1.5～2 岁）。

这一阶段，幼儿言语的发展表现在开始说由双词或三词组成的句子，与发电报的方式相似，幼儿倾向于省去信息中不必要的词，所以这类句子也被称为“电报句”，这种句子是简略的、断续的，结构不完整。

这一阶段幼儿会出现多种结构的句式并存的现象，包括单词和单词句、简单句和复合句。其中复合句比例较小，只占不到 10%，句子比较短，大部分在 5 个字以下。主要的句子结构有主谓结构（如“妈妈抱”）、谓宾结构（如“要娃娃”）和主谓宾结构（如“妈妈做饭”）。此阶段还会出现词序颠倒的现象，即不按照语法规则讲话，将词汇顺序打乱，如“不对起”（对不起）。

2. 完整句（2～3 岁）

2 岁以后，幼儿开始学习运用合乎语法规则的完整句更为准确地表达自己的思想。1978 年朱曼姝、武进之等人对幼儿口语中句法结构的发展的调查表明，2 岁幼儿的言语中完整句已占一半以上（65%），3 岁基本上都是完整句（94%）。简单陈述句是幼儿言语中出现最早、数量最多的一种基本句型。

这一阶段，幼儿言语中复合句的比例也有较大提升，由原来的不到 10% 上升到 30%～40%，但是数量仍然较少。2 岁半时幼儿复合句中的不完整句占 22.12%，没有复杂修饰语及连动等较复杂的结构，而且缺乏关联词，使整个复合句的结构显得较松散。

3. 语法结构的获得

幼儿在日常生活中通过言语交往，反复练习形成习惯，获得语法结构，但年龄较小的幼儿尚不能真正理解名词、动词及各种词之间的关系。到4岁时幼儿的语法意识才开始出现，能够提出有关语法结构的问题，并能够发现别人说话中的语法错误。随着幼儿年龄的增长，句子成分中开始出现修饰语，常用句型除了陈述句之外，还出现了疑问句、祈使句、感叹句等，但仍然以简单陈述句为主。幼儿语法结构的发展呈现出以下趋势：

（1）由混沌一体到逐步分化。

幼儿早期的词语不分词性，如年龄较小的幼儿把“解放军叔叔”“小白兔”等名词词组当作一个词使用，以后逐步分化出修饰语和中心语、名词和动词等词性。句子结构上由最初主谓不分的单、双词句发展到结构层次分明的句子。

（2）句子结构由松散到严谨。

幼儿最初的句子只是一个或几个词组成的简单词链，出现了包括主语-动词、主语-动词-宾语、主语-动词-补语等结构的简单完整句以后才初具语法规则，但句子中各成分间的相互制约不明显。三岁半以前儿童的话语经常漏缺主要词类，词序紊乱，如“孙悟空头上毛”（孙悟空拔头上的毛）。随着幼儿年龄的增长，句子的复杂性逐渐提高，各成分间的互相制约越来越严格。

（3）句子结构由压缩呆板到逐步扩展灵活。

由于认识的局限性与词汇贫乏，幼儿最初的句子只包含核心部分，以主谓结构以及主语-动词-宾语、主语-动词-补语的结构为主，只能说出形式上千篇一律的、由几个词组成的压缩句，如“妈妈上班了”“娃娃睡觉了”。稍后能增加一些修饰语（如形容词、副词等），使句子结构变得更加复杂，内容也更加丰富。我们以儿童对火车的描述的演变为例，可以看出其句子结构的变化趋势：叭叭呜→还要叭叭呜→叭叭呜去北京→爸爸坐火车到北京→我爸爸坐火车到北京开会去了→幼儿园放假的时候，我准备和外婆乘火车到北京去玩。

（四）语用的发展

儿童的语言运用是指儿童在学习和获得语言的过程中不断操作和使用语言进行交流的现象。2～2.5岁的幼儿已经知道，如果要与他人沟通，必须站得离听者近一点，或者在距离较远时提高音量。当选择交谈话题时，儿童非常喜欢谈论对方还不知道的事情，说明他们能够开始考虑对方知道什么或者不知道什么。3～5岁的儿童能够调整他们的言语以适应听者的水平来实现有效沟通，如一个 3 岁的儿童能根据听者的理解水平调整自己的言语，对 2 岁的儿童讲话时用简短的句子，对成人解释时则用比较复杂的句子等。

儿童的语言交流行为逐步从模糊到清晰，从最初借助手势、表情等发展到使用语言来表达自己的意愿，并且在 3 岁以后其社会交往倾向和言语行动表现越来越清晰。同时，儿童语言交流的类型也逐步扩展和增加，逐渐学会使用不同的语言形式来表达自己的不同交流倾向，使自己的语言具有越来越强的交往功能。比如同样是“讨论”，儿童会选择用“陈述”或者“疑问”的方式与对方说话。

儿童语用的发展还表现在其口语表达能力的发展上，具体包括以下几个方面。

1. 对话言语的发展和独白言语的发生

儿童最初的言语是对话式的，只有在和成人的互动中才能进行。随着儿童认知能力特别是思维的发展，幼儿期产生了独白言语。在与成人或同伴的交往中，幼儿需要独立地向别人表达自己的思想，讲述自己的知识经验，这就促进了独白言语的产生和发展。

2. 情境言语的发展

情境言语是儿童在讲述时不完整、不连贯，并伴有各种表情、手势，听者需要结合当时的情境，根据手势、表情边听边猜，才能理解儿童所要表达的意思的言语。对话言语常常带有情境性，3 岁前儿童的言语主要是情境言语。

3. 讲述逻辑性初步发展

讲述的逻辑性表现在讲述的主题明确，层次清楚。3 岁之前的儿童讲述往往主题不明确，层次不清。

4. 逐渐掌握语言表达技巧

通过专门的教育，儿童不仅可以学会完整、连贯、清晰而有逻辑地进行表述，而且能够根据情境的变化通过声音的大小、强弱、快慢和停顿等语气和声调的变化，使得语言表达更生动、更有感染力。

值得注意的是，儿童在言语发展过程中可能会出现“口吃”。口吃是言语的节律性障碍，表现为说话过程中不正确的停顿或重复，常出现在 2～4 岁。造成口吃的原因有生理原因、心理原因和模仿等，家长应给予关注。

知识链接

言语获得理论

学习论（经验论）观点：语言是一种习得的技能，强调模仿和强化的过程。1957 年，斯金纳在《言语行为》一书中指出，因为儿童合乎语法的言语得到强化所以他们学会了正确讲话。社会理论学家班杜拉（1971）补充到，儿童通过认真聆听和模仿年龄较大同伴的语言获得语言知识。

学习论存在的问题：儿童最早说出的句子有很大的创造性，学习论对这些新的词组、句子、句法结构却无法进行解释。另外，成人对儿童言语的强化主要看讲述的内容是否正确，而不是语法是否正确，如儿童盯着一只狗说“猫”，母亲可能会纠正“那是狗”。因此，合乎语法的言语得到强化而获得言语的观点也受到了质疑，而且，语言的无限性也决定了成人不可能对儿童所有的言语都给出强化反应。

先天论观点：语言是一种先天的技能，人生来就有学习语言的能力。乔姆斯基称世界上所有的语言都有一个相似的内部结构——普遍语法，人类通过一个与生俱来的语言处理器——语言习得机制（LAD）推断他人言语中的规则，并使用这些规则制造语言。斯洛宾（Dan Slobin，1985）认为儿童天生就具有语言制造能力（LMC）——一组高度专门化的语言学习的认知和知觉能力。

先天论存在的问题：首先，先天论对其他物种的幼崽（恒河猴）的听觉辨别能力和某些灵长类动物至少能够学会语言的基本要素的论证都不足以说明人类具有独一无二的语言习得机制。其次，先天论者并没有对这种语言习得机制如何运作进行解释，而是将语言发展归因于LAD或LMC的神秘力量，且这种描述也忽略了语言环境在促进语言发展方面的作用。

交互作用观点：语言发展来源于生理成熟、认知发展和不断变化的语言环境之间复杂的相互作用。在高度复杂的大脑慢慢成熟之后，儿童习得越来越多的知识，促使他们用自己的语言表达出来。贝特斯（Bates，1999）认为，社会性交往的需要促使合乎语法的言语产生，儿童必须想办法将这些语言组织起来，变成他人可理解的言语。而这依赖于语言环境的作用，如儿童从共同活动中学习，从儿童指向型言语中学习，从错误提示中学习，从积极的交谈、社会互动中学习。

资料来源：匡芳涛．儿童语言习得相关理论述评［J］．学前教育研究，2010（5）．

第三节　婴幼儿言语能力的培养

家庭是0～3岁婴幼儿生活和学习的重要场所，越来越多的研究表明，家庭社会经济地位与个体语言能力的发展具有密切关系，家庭居住地的语言环境、家庭语言环境和父母教养方式等影响着婴幼儿的语言发展速度，以及词汇习得、语音意识及句法等方面的发展。

一、提供丰富的语言环境

家庭的语言环境会影响婴幼儿言语的获得，研究表明，家庭居住地发展水平较差，婴幼儿接触书籍和各种文化设施的机会比较少，以及家中环境拥挤等都会影响婴幼儿言语的习得。贫乏的语言环境是难以发展婴幼儿言语的，语言学习中的物质环境，如阅读资料、学习设备、语言培训班等都会影响婴幼儿言语的发展。因此，家长要提供丰富的语言环境，如在大自然和社会中发展婴幼儿的言语表达能力，利用参观、游览、购物、串门等方式，增加其语言信息量，使婴幼儿能够主动针对新异事物进行交流与学习，激发婴幼儿的言语表达欲望。在让婴幼儿广泛接触生活环境的同时，家长要有意识地引导其仔细看、认真听，鼓励他们大胆说话、多说话，促进其口头言语的发展。

二、完善和优化家庭语言环境，提高教养环境中家长的语言素养

婴幼儿家庭应答性行为与婴幼儿语言发育呈正相关，父母提供的语言榜样，或他们语言输出的数量和质量都会影响婴幼儿言语的发展。研究表明，在社会经济地位较高的家庭中，家长与婴幼儿的交流时间、次数和婴幼儿词汇量等方面都优于社会经济地位较低的家庭。学习论认为，模仿和强化是婴幼儿学习语言的重要方式，家庭在婴幼儿言语获得过程中起着不可替代的作用，家长应该为婴幼儿言语的发展创设良好的环境，发挥成人对婴幼儿言语发展的示范、引导作用。所以成人要用正确、规范的语言与婴幼儿进行交流。同时，成人要注重日常生活对婴幼儿语言的渗透作用，帮助婴幼儿在感知过程中积累词汇，发展语言能力。

三、创设互动的语言环境，提高互动质量

研究表明，在社会经济地位较高的家庭中，父母与婴幼儿互动质量较高，表现为对婴幼儿的正面关注、情感支持，和对婴幼儿自主行为的尊重。相反，在社会经济地位较低的家庭中，亲子互动少，家长对婴幼儿的话语反应少，禁令词汇使用频率高，十分不利于婴幼儿言语的发展。而且母亲与婴幼儿的互动方式能够显著预测婴幼儿接受性语言发展的情况，还可以预测他们小学和中学以后的成绩。因此，婴幼儿与成人尤其是母亲之间的互动和交流尤为重要，特别是在咿呀学语的阶段，互动越多，婴儿的语言能力越好。成人应该

为婴幼儿创设一个能使他们想说、敢说、喜欢说、有机会说并能得到积极回应的环境，激发婴幼儿的表达欲望，利用各种形式如亲子阅读、命名游戏、动作游戏等促进婴幼儿言语的发展。

四、理解婴幼儿言语发展的不足

首先，由于生理成熟的限制，婴幼儿发音具有跨语言共性，2 岁左右的幼儿常常创造出成人词语的简化版（如把“喝水”说成“水”），这正是婴幼儿从语音错误中学习、发展语言天赋的过程，可以引导婴幼儿通过模仿成人的正确发音强化语音意识。其次，由于思维发展的限制，婴幼儿难免出现语病，如婴幼儿在词语、句子使用中常出现过度泛化和扩展不足等现象，这就要求成人为婴幼儿提供丰富的刺激，使其不断分化对事物的认识，同时提升对字、词的理解，不断修正语言创造性所导致的错误，促进婴幼儿言语的发展。在此过程中，家长要充分理解婴幼儿言语发展的不足，在轻松愉快的气氛中纠正孩子的错误，千万不要因可笑而伤害孩子的自尊心。这样，孩子的口头言语就会迅速而正确地发展起来。

五、重视游戏对婴幼儿言语发展的价值

游戏不仅是婴幼儿最喜爱的活动，更是婴幼儿学习与生活的过程，可以为婴幼儿提供良好的语言实践机会，语言游戏环境的创设不仅可以锻炼婴幼儿的倾听技能，对发展婴幼儿的语言表达能力、人际交往能力同样具有重要意义。因此，早教机构、托儿所、家庭等应创设丰富的趣味性动态语言环境，有目的、有意识地培养婴幼儿的语言表达能力，鼓励婴幼儿与婴幼儿、婴幼儿与成人之间进行积极的言语交流。例如，利用图书角引发婴幼儿对书籍、阅读和书写的兴趣；在表演区提供服饰、头饰、录音机等，为婴幼儿练习听说、表演故事等提供物质基础；在角色扮演区，让婴幼儿通过扮演角色，进行角色之间的沟通与交流，促进口语表达能力的发展。

本章小结

本章主要介绍了言语和语言的联系与区别、言语的种类、言语发展的特征及言语的功能；重点阐述了婴幼儿言语的发生发展过程，包括言语的准备、言语的发生阶段和言语的

发展阶段，从语音、语义、语法、语用四个方面对婴幼儿言语发展进行了介绍；最后为家庭、早教机构、托儿所等培养婴幼儿言语能力提供有效策略。

思考与练习

一、单项选择题

1. 言语和语言不同，言语是一种（　　）。

A. 自然现象　　B. 社会现象　　C. 心理现象　　D. 交流活动

2. 在幼儿期，应主要发展幼儿的（　　）。

A. 第二语言　　B. 书面语言　　C. 口头语言　　D. 对话语言

3. 关于幼儿言语的发展，正确的表述是（　　）。

A. 理解语言发生发展在先，语言表达发生发展在后

B. 理解语言和语言表达同时同步产生

C. 语言表达发生发展在先，理解语言发生发展在后

D. 理解语言是在语言表达的基础上产生和发展起来的

4. 婴儿从出生至 3 个月处于前言语的（　　）。

A. 简单发音阶段　　B. 连续音节阶段

C. 学话萌芽阶段　　D. 复杂发音阶段

5. 婴幼儿在语音发生过程中，扩展和收缩趋势是：（　　）。

A. 同时发生　　B. 实际不存在

C. 收缩在前，扩展在后　　D. 扩展在前，收缩在后

二、多项选择题

1. 口头言语包括（　　）。

A. 对话言语　　B. 书面言语　　C. 问题言语　　D. 独白言语

2. 婴幼儿言语的发展表现在（　　）方面。

A. 语音　　B. 语义　　C. 语法　　D. 语用

3. 不完整句包括（　　）。

A. 单词句　　B. 双词句　　C. 电报句　　D. 复合句

三、简答题

1. 学会说话以后，婴幼儿常常出现造新词或词语使用不当的现象，表现了婴幼儿言

语发展的什么特点？应如何指导？

2. 家长与婴幼儿说话时要不要用“妈妈语”？

四、案例分析题

日常生活中经常听到有妈妈担忧：“别人家孩子都会唱儿歌了，我家宝宝都两岁多了，还只会单个字蹦”“孩子什么都能听懂，就是不说话”“宝宝说话口齿不清”……有些老人还会自我安慰：“孩子说话晚是好事”“贵人语迟”。你如何看待这种现象？

第五章　婴幼儿情绪情感的发展

本章结构图

- 婴幼儿情绪情感的发展
  - 婴幼儿情绪情感概述
    - 情绪与情感
    - 情绪情感的种类
    - 婴幼儿情绪发生与发展的特点
  - 婴幼儿情绪及情绪情感的发展
    - 婴幼儿情绪的理解
    - 婴幼儿情绪的表达
    - 婴幼儿情绪的发展
    - 婴幼儿情感的发展
    - 婴幼儿情绪情感的培养

学习目标

知识目标

1. 了解情绪情感的定义、种类及婴幼儿情绪情感发生与发展的特点。
2. 熟悉婴幼儿情绪情感的相关理论。
3. 掌握婴幼儿情绪的理解、表达及高级情感的发展。

能力目标

1. 能够理解不同月龄的婴幼儿情绪情感的理解与表达。

2. 能够根据婴幼儿情绪情感培养的方式方法，为婴幼儿提供科学有效的早期教育。

素养目标

1. 为婴幼儿树立良好的情绪情感调节与控制的榜样。
2. 热爱托育事业，树立科学的教育观。

情景导入

豆豆今年 2 岁了，是一个活泼爱笑的宝宝。妈妈要送豆豆去托育机构，但豆豆每次在入园的时候，情绪都会大大转变，这让老师们特别“头疼”。豆豆不仅不愿意入园，见到妈妈离开自己时还会大声啼哭，并且持续很长的时间。豆豆为什么会出现这样的情况呢？假设你是豆豆的老师，你如何让豆豆“开心”起来？

第一节　婴幼儿情绪情感概述

一、情绪与情感

（一）情绪情感的定义

“曰喜怒，曰哀惧。爱恶欲，七情具。”《三字经》中提到的喜、怒、哀、惧、爱、恶、欲等都是情绪的不同表现形式，那到底什么是情绪呢？

心理学中的情绪同认识活动一样，也是人脑对客观现实的反映。情绪是指人对客观事物是否符合自身的需要而产生的态度体验，反映了作为主体的人的需要和客观事物之间的关系，属于外部表现。如果个体需求得到满足，则产生积极的情绪体验，如高兴、喜悦等；反之则产生消极的情绪体验，如失落、痛苦、恐惧、愤怒等。这种情绪状态在人与动物身上皆可出现，与生理性需要相联系，是外显的，具有情境性和暂时性。

情感是人所特有的，与人的高级社会性需要满足与否相联系的态度体验，是人在社会交往的实践中逐渐形成的，包括道德感、理智感、美感等。情感可以说是在多次情绪体验的基础上形成的稳定的态度体验，如对一个人的爱和尊敬，可能是一生不变的。因而，情感是内隐的，具有深刻性和稳定性。

（二）情绪的构成

1. 诱发事件

情绪不是自发的，总是与某一个刺激或某一次诱发事件有关系。例如，愤怒是因为目标被干扰，高兴是因为目标实现。

2. 生理唤醒

情绪会引发生理的变化。不同的情绪状态下，生理反应模式也不同，个体的心率、血压、呼吸乃至内分泌、消化系统等都会发生相应的变化。例如，焦虑时，心率加快、呼吸急促。

3. 主观体验

主观体验是一种从内心产生的真正的感情，是个体在不同情绪状态下的自我感受。它的一部分是意识到生理变化带来的觉醒，另一部分与认知评价相关。其中，认知因素起主导作用。例如，月龄小的婴儿受到惊吓做出的反应是恐惧，而大一点的幼儿就会采取一些行动，如逃跑。

4. 外在行为变化

外在行为变化是在观察他人的情绪状态时认识到的东西，最明显的标志就是面部表情、身体姿态（例如愤怒时紧握的拳头）和声音的变化（例如大声呵斥）。这些外在的行为变化能够让我们辨别出某种特定的情绪。

（三）情绪与情感的关系

情绪与情感既有区别，又相互依存。一般来说，情感是在多次的情绪体验中形成，并通过情绪的形式表现出来的。例如一个人经常在做某项事情时获得成功，多次成功的喜悦将会产生对这项事情的热爱。因而，情绪是情感的基础，情感离不开情绪。反之，在他们对所做事情建立起深厚的感情之后，会因完成的出色而欣喜，也会因出现的疏漏而伤心。由此可见，情绪依赖于情感，情绪的各种不同的变化都要受到已经形成情感的制约。情绪是情感的外在表现。情感也依赖于情绪，情感总是在具体的情绪中得以表现，离开了情绪，情感不能孤立存在。情感是情绪的本质内容。

二、情绪情感的种类

（一）情绪的分类

情绪本身具有较强的复杂性，要对其进行明确的划分十分困难。下面依据情绪的内容和状态两个方面进行划分。

1. 依据情绪的内容分类

依据情绪的内容可以将情绪分为基本情绪和复合情绪。

（1）基本情绪。

基本情绪是人和动物所共有的，是先天的、不学而能的。每一种基本情绪都有它的生理机制、内部体验和外部表现，并有不同的适应功能。当代心理学家常把喜、怒、哀、惧作为最基本的情绪。

基本情绪可以分为两类：积极情绪和消极情绪。积极情绪是伴随积极行为产生的情绪，包括快乐、兴趣、满足和爱等。一般认为积极情绪有三个重要的适应功能，即支持应对、缓解压力、恢复被压力消耗的资源。而消极情绪是伴随回避行为产生的情绪，如痛苦、悲伤、愤怒、恐惧等。适度的消极情绪是有益的，但过于强烈和持续性的消极情绪则对人的健康和社会适应有害。

（2）复合情绪。

复合情绪则是由基本情绪的不同组合派生出来的，如焦虑，包含着恐惧、内疚、痛苦、愤怒四种情绪。有些复合情绪可以命名，有些则难以命名。伊扎德（C. E. Izard）用因素分析的方法得出人的基本情绪有兴趣、惊奇、厌恶等 11 种，并由此产生三类复合情绪：基本情绪的混合（如兴趣-愉快、恐惧-害羞等）、基本情绪和内驱力的结合（如性趋力-兴趣-享乐等）以及基本情绪和认知的结合（如活力-兴趣-愤怒）。

知识链接

普拉奇克的“情绪轮”

“情绪轮”是关于基本情绪与复合情绪的分类的代表，是 1987 年著名情绪心理学家普拉奇克根据情绪强度、相似程度、两极性提出的三维模型，如图 5－1 所示。

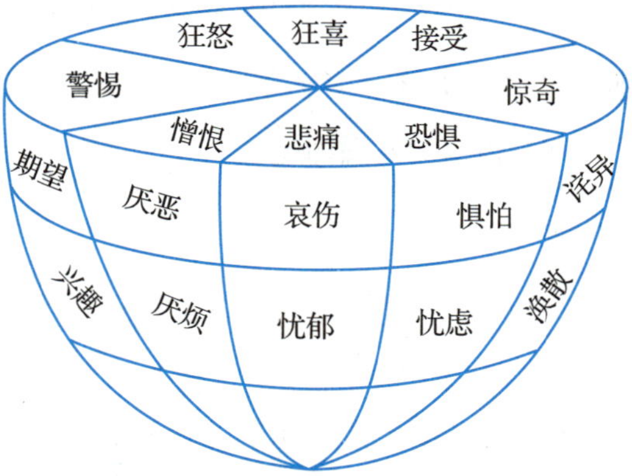

图 5－1　普拉奇克的“情绪轮”

“情绪轮”顶部有八种情绪作为基本情绪，最为强烈，从顶部到底部每一类情绪的强度、相似程度依次递减，强度和相似程度最低的位于模型最底部。

资料来源：钟毅平．心理学［M］．长沙：湖南教育出版社，2005.

2. 依据情绪的状态分类

依据情绪动力性、激动性、强度和紧张度等状态可以将情绪分为心境、激情、应激三种。

（1）心境。

古人常说“忧者见之而忧，喜者见之而喜”，表达的是不同心境的人对同一件事的表现各不相同。可见，心境是一种微弱、弥散和持久的情绪状态，即平时说的心情。心境的好坏，常常是由某个具体而直接的原因造成的，它所带来的愉快或不愉快的情绪会保持一个较长的时段，并且这种情绪往往会被人带入工作、学习和生活中，影响人的感知、思维和记忆。

愉快的心境让人精神抖擞、感知敏锐、思维活跃、待人宽容；而不愉快的心境让人萎靡不振、感知和思维麻木、多疑。

（2）激情。

激情是一种猛烈、爆发和短暂的情绪，如狂喜、暴怒、沮丧等。这种情绪是一个人在生活中由某种因素引起的即刻的表现，情绪外露且猛烈，持续时间短暂。如获得巨大成功后的狂喜、亲人逝世时的悲痛、遭遇失败后的沮丧等。

激情有积极的和消极的两种。从一个较长的时段来看，激情会通过激烈的言语爆发出来，是一种心理能量的宣泄。适度的激情可以激发个人对学习、工作、生活的热情，对人的身心健康有益。但过激、消极的激情则会使人身心失衡，造成危险。因而，在激情发生的最初阶段有意识地控制它，可将危害降到最低限度。

（3）应激。

应激是指突发意外事件时或紧急情况下出现的人对环境及意外情况的情绪状态。比如，当人遭遇了巨大危险（如地震）时，需做出迅速的判断，并由此调动身体各个机能使其处于高度紧张状态。它的表现形式有两种：一种是当下所面临的紧急事件的要求与个体已有经验不同且是过去未经历与感受过的情况，个体因此而感知到紧张的情绪状况；另一种是当下所要面对的境遇是已有经验无法解决与面对的情况，个体因无能为力而产生压迫感与紧张感的情况。这两种应激情绪所产生的影响表现不同。

适度的应激引起的身心紧张状态有利于个体调动身心各个部分去解决当前的紧急问

题；而过度的应激易造成高度紧张状态而阻碍个体认知功能的正常发挥，导致思维迟滞，行动刻板。

（二）情感的分类

1. 道德感

道德感是指用一定的道德标准去评价自己或他人的思想和言行时产生的情感体验。如果个体或他人的思想与行为符合社会道德规范的要求，就会感受到肯定的道德体验与道德满足。如果思想和行为与社会的道德准则背道而驰，就会产生愧疚、否定、痛苦的道德感。当下所说的道德感多指爱祖国、爱家乡、爱劳动、有爱心、责任心等。

2. 美感

美感是指个人依据自身的审美准则对文化、艺术、品德、社会生活及客观事物进行评价时产生的情感体验。审美准则及标准是产生美感的关键所在，凡是符合个体审美标准的东西，就能引起美感体验。在审美过程中，个体的情绪是自由、愉快的，美感也会使人精神振奋，积极乐观。随着社会文化的进步，美感的内容越发丰富；不同文化背景、社会环境、自然风光等因素也会引起不同的美感。保存至今的古典名画、祖国雄伟的山川河流、科技发展带来的文化巨变、见义勇为的英雄品质，都会给人以美的体验。

3. 理智感

理智感是指在智力活动中，认识、探求或维护真理的需要是否得到满足而产生的情感体验。如人在遇到能够通过自身的思维活动解决的问题时，会产生兴趣与求知欲。问题解决时产生的喜悦与兴奋的体验，问题未解决时产生的羞愧与紧张的情绪体验，这些都属于理智感。

理智感对个体的成长与实践有着至关重要的价值，是守正创新的重要条件。在理智感的影响下，一个人更能以满腔热忱对待一切新生事物，不断拓展认识的广度和深度。

三、婴幼儿情绪发生与发展的特点

（一）新生儿原始情绪

婴儿一出生就会有情绪方面的表现，例如哭泣、安静等，这些都是原始情绪的反应。新生儿的原始情绪一般具有以下两个特点。

1. 与生理需要是否得到满足相关

新生儿原始情绪的出现、消失或转移，都与其生理需要是否得到满足密切相关。新生儿的情绪随生理需要的出现而出现，并随其减弱、消失、停止。例如，婴儿饥饿时，就会以啼哭的形式向成人发送信号，当成人提供喂养后，哭声就会减弱或停止。

2. 是与生俱来的，具有先天性

新生儿所具有的基本情绪反应是人类进化和适应的产物，婴儿天生具有情绪反应的能力。例如，新生儿降生后就会啼哭。心理学家认为，新生儿主要有六种情绪，分别是愤怒、恐惧、惊奇、厌恶、高兴和悲伤。

（二）婴幼儿情绪发展的特点

1. 情绪的丰富化和深刻化

情绪的丰富化体现在婴幼儿的情绪体验持续分化，情绪的类别不断增加。从开始的原始情绪（怕、怒、爱）逐渐发展出次级情绪（尴尬、害羞、嫉妒等），多种情绪交织在一起。从第二年开始，不仅是情境本身会引发情绪，情境的符号表征也会引发情绪。2～3岁时，幼儿会产生简单的道德感。

情绪的深刻化表现为情绪从指向事物的表面现象转化为指向事物的内在特征。例如，婴幼儿的痛苦情绪会由于所处年龄段的动因不同而不同，如新生儿会由于饥饿的生理需要没有得到满足而啼哭，2岁的幼儿会由于抚养者的改变而啼哭。随着年龄的增长，引起情绪的内容越来越深刻，从生理需要逐渐转变为社会需要。

2. 情绪的社会化

社会化是婴幼儿情绪发展的一大趋势，主要表现在以下几个方面：

（1）引发情绪的社会性动因影响加强。

情绪发生的主要原因随着年龄的增长不断变化：在1岁以前的婴儿阶段，婴儿的情绪反应与生理需要密切相关，与其基本生活需要是否得到满足相联系。例如婴儿获得愉快情绪的动因主要是基本生理需要得到满足，如吃饱、睡足、没有遗尿、尿布舒适、身体舒服等。在1～3岁的阶段，其情绪动因除生理性需要是否得到满足以外，还有社会性需要是否得到满足，如是否拿到自己喜欢的玩具，有没有得到父母家人的关心与陪伴。但整体而言，该阶段幼儿情绪产生的动因仍以生理需要的满足情况为主。

（2）情绪中的社会交往因素影响加强。

随着婴幼儿月龄的增长、生活范围的不断扩大，与之交往的群体越来越丰富，因而社会交往因素对其情绪的影响不断加强。如游戏的种类由早期的独自游戏逐渐发展为平行游戏、联合游戏。

3. 情绪的自我调节化

刚出生的几个月里，婴儿调节自身情绪状态的能力非常有限，只能通过让身体远离引

起不愉快的物体或通过不断吮吸的方式抑制某些消极的情绪。例如，婴儿不高兴的时候会烦躁不安，此时如果提供母乳，会让婴儿安静下来。接近 1 岁时，婴儿学会了使用意识控制、自我安慰的方式来调节不愉快的情绪。例如，婴儿会晃动自己的肢体、用嘴咬东西和远离引起不愉快的人或事物。

随着婴幼儿自我意识的增强，其情绪的自我调节能力也越来越强。18 个月后的幼儿会使用冲突解决和行为调节的方式来调节情绪。从 2 岁开始，随着言语的发展，幼儿开始使用一些词语来表达情绪，常见的主题主要是快乐和疼痛，可以评价自己的感受，例如“我害怕”“我高兴”，但并不会使用语言来调节自身的情绪。在 3 岁时，幼儿使用情绪词的数量和范围会迅速扩大，可以经常谈论自己的情绪，并尝试积极主动地控制情绪，他们开始利用语言来辅助情绪的自我调节。除此之外还体现在以下几个方面：

第一，情绪冲动性逐渐减少。

婴幼儿大脑皮质易兴奋且大脑皮质控制能力不足，因而常处于兴奋状态。情绪变化较大，爆发性强。他们会因为需求没有得到满足而愤怒、生气，会由于需求得到满足而兴奋、欢喜。随着大脑皮质的不断成熟和语言的不断发展，婴幼儿情绪的冲动性减少，但一般是在成人的要求下进行情绪的控制，到幼儿晚期情绪的自我调节逐渐发展起来。

第二，情绪稳定性逐渐提高。

婴幼儿的情绪具有易变性，两种对立的情绪在短时间内可以相互转化。例如，幼儿摔倒后会哭泣，但下一秒就会由于成人给予零食安慰而开心起来。

婴幼儿的情绪也具有情境性，容易被自身所处的情境所支配，一种情绪会因情境而产生，也会因情境变化而消失。

婴幼儿情绪还具有易受感染的特点。这是指婴幼儿情绪容易因他人情绪变化而发生变化。例如，当幼儿刚入托时，由于与抚养者的分离焦虑而啼哭，其他幼儿看到该幼儿啼哭也会跟着哭起来。

到幼儿晚期，幼儿情绪的稳定性有所提高，也较少受外在因素的影响与感染。但是，幼儿情绪仍旧易受父母、教师情绪的感染，因此，教师与抚养者要控制自身情绪，为幼儿做出良好示范。

第三，情绪从外露到内隐。

婴儿期和幼儿早期阶段，婴幼儿无法主动意识到自己情绪的外部表现，且无法进行情绪自主控制，故而将个体情绪通过面部表情、肢体动作等表现出来，并且不进行掩饰与控制。这是由于婴幼儿情绪的外部表现的发展早于其调节情绪能力的发展。

随着言语表达能力的提高及心理活动的成熟，幼儿逐渐开始进行自我情绪的调节及控制情绪的外部表现。例如，当幼儿摔倒时，幼儿身体的疼痛致使幼儿哭闹，然而随着个体的发展，幼儿哭闹的时间逐渐缩短，频率也逐渐下降。幼儿虽能调节情绪的外部表现，但依旧受到周围情境的影响。例如，当与幼儿建立亲密关系的家人出门时，幼儿已能控制情绪，接受与家人的暂时分离。而如果幼儿受了委屈，虽然他们会极力控制并掩饰情绪，但当家人出现时便会释放情绪，将情绪展现出来。因而，抚养者与教师要依据幼儿情绪的外部表现及时了解幼儿的情绪状态，并加以引导，帮助幼儿进行情绪的调节以适应社会性发展的需要；同时，也要积极洞察幼儿情绪外露到内隐的转变，细心观察幼儿真实的内部需要。

第二节　婴幼儿情绪及情绪情感的发展

一、婴幼儿情绪的理解

在前面的章节中，对婴儿具备区分不同面部的能力已经有描述（例如面孔偏好和吸引力偏好），这指的是婴儿对面部客观特征，包括眼睛、发际线等的认知。除此之外，人的面部还会通过不同的表情提供社交信息，人的语音语调以及身体语言也都传递了社交信息，而且婴幼儿能捕捉并识别表情、语调和身体语言中的重要信息。在日常生活中，父母、托育人员以及其他成人都通过情绪表达传递了大量的信息，婴幼儿同伴互动中亦是如此。识别他人情绪不仅是对社交信号的认知，对于构建早期的社会关系亦具有十分重要的作用。

（一）婴儿对表情和情绪的识别能力开始发展（0～6 个月）

研究证据显示，2～3 个月大的婴儿开始注意人脸部的情感线索，并能够对人脸的社交信号做出反应。对人脸的偏好似乎是早期微笑对象选择性中的一个重要成分。这个月龄段的婴儿也开始注意到其他的情绪表达并对之做出不同的反应。而且如果在多种感官频道上接收信息，婴儿的情绪区分能力会更好。哈维兰德在其经典实验中研究发现，当妈妈同时在表情和语气上表现出高兴，10 周大的婴儿就会看起来很开心并看着妈妈的脸；当妈妈表现出伤心时，婴儿的嘴部动作会增加并不再看妈妈的脸，而转向别的方向；如果妈妈表现出愤怒，有的婴儿会大哭，有的则表现出呆住或僵住的表情。

5～6 个月时，婴儿开始一次识别一个感官频道的信息，单独对表情活动或语气做出反应，即使不是父母而是其他陌生人的情绪，婴儿也能够有效识别。而且他们能够区分高兴和悲伤的语气，能够识别高兴、惊讶和惊恐的表情。

（二）婴儿情绪的社会性参照出现（6～12 个月）

婴儿识别和解释他人情绪的能力在 7～10 个月时达到高峰，最显著的表现是婴儿的情绪出现社会性参照。著名的“视觉悬崖”实验也证明了情绪理解的社会参照作用。实验发现，如果婴儿看到妈妈表现出害怕的表情，他们会拒绝向前爬；如果妈妈表现出兴高采烈的情绪，婴儿会勇敢地爬向母亲。由此可见，婴儿可以通过“监控”他人（主要是父母）对于不确定情境的情绪反应，利用得到的信息调整自己的行为。也就是说，这个阶段的婴儿可在未知情境中，参照抚养者的表情及情绪寻找信息的支撑，从而决定自己接下来的行动。例如，1 岁大的婴儿在面对诸如一个新的玩具或者一个陌生的成人等新的而且有潜在威胁的人或事物时，他们首先会将目光转向爸爸或妈妈的脸，判断父母的表情，如果爸爸妈妈看起来是高兴的，婴儿就很可能轻松地开始玩新玩具或者平静地接受陌生的成人。反之，如果爸爸妈妈的脸看起来是紧张的或是受惊吓的，婴儿就会对父母的表情做出反应，从而对新环境表现出类似的紧张或惊恐。因而，婴儿依据与亲人间的情绪交往，放大社会性参照的信号功能，面对外界的新颖刺激，婴儿与父母共享同类情感。婴儿的社会参照能力发展的对象并不拘泥于父母，随着婴儿年龄的增长，其参照对象会逐渐发展到他人，并能更好地再认他人的基本情绪。例如，如果陌生人在品尝美食时露出快乐喜悦的表情，婴儿也会乐意品尝美食的味道；如果陌生人在品尝时露出痛苦的表情，婴儿也会模仿并对食物产生厌恶情绪。

最新的研究还发现，12 个月左右，婴儿还能够使用非言语信息来判断其他人的情绪反应原因。而且如果抚养者的行为举止如常，1 岁大的孩子还能够平复自己的情绪。例如，看到抚养者在准备食物，肚子饿的孩子也会平静地等待。然而如果妈妈处于抑郁情绪之中，婴儿基本的情绪识别能力也会受到不良的影响。

（三）幼儿体验到复杂的情绪（1～3 岁）

在 1～3 岁这一阶段，随着自我表现意识的增强、言语能力的发展，幼儿逐步出现次级（自我意识的）情绪，包括尴尬、害羞、内疚、嫉妒、骄傲等。同时，在前期能够将他人情绪作为社会性参照的基础上，幼儿已经能够体验到他人复杂的情绪，开始谈论情绪和掩饰情绪，出现同情反应。例如，当看到动画片中喜羊羊凭借聪明才智打败灰太狼后表现出骄傲、喜悦的情绪时，幼儿也会随之产生骄傲的情绪；当看到卖火柴的小女孩孤苦无依的状态时，幼儿会同情小女孩的遭遇。与之前相比，这一阶段幼儿对情绪的理解更加深刻。

知识链接

布里奇斯情绪分化理论

在婴儿成长为成人的过程中，其情绪是由单一到多样，从原始、简单的基本情绪到复杂的高级情感的发展过程。加拿大心理学家 K. M. 布里奇斯 1930—1936 年提出了情绪分化的较完整的理论。她认为婴儿从出生到 3 个月之间，一种原始情绪分化为痛苦和快乐两种情绪反应；在 1 岁之内痛苦又分化为愤怒、厌恶和惧怕；快乐又分化为兴高采烈、喜爱和欢乐；到 2 岁左右，儿童已具备大部分成人的复杂情绪。如图 5－2 所示。中国心理学家林传鼎于 1947—1948 年观察了 500 名婴儿后认为，新生儿有愉快和不愉快两种情绪反应；到 3 个月末，欲求、喜悦、厌恶、忿急、惊骇、烦闷 6 种情绪反应相继发生；到 2 岁时，已有喜爱、尊敬、同情、好奇、羡慕、惭愧、失望、厌恶、愤怒、恐惧等 20 多种情绪反应。苏联心理学家雅科布松把儿童情绪发展变化的特点概括为以下几点：情绪的冲动性和境遇性逐渐降低，稳定性逐渐提高，情绪逐渐社会化。尽管还有一些不同的情绪分化理论，但研究者们都认为情绪的发展是由简单到复杂、由单一到多样化的过程。

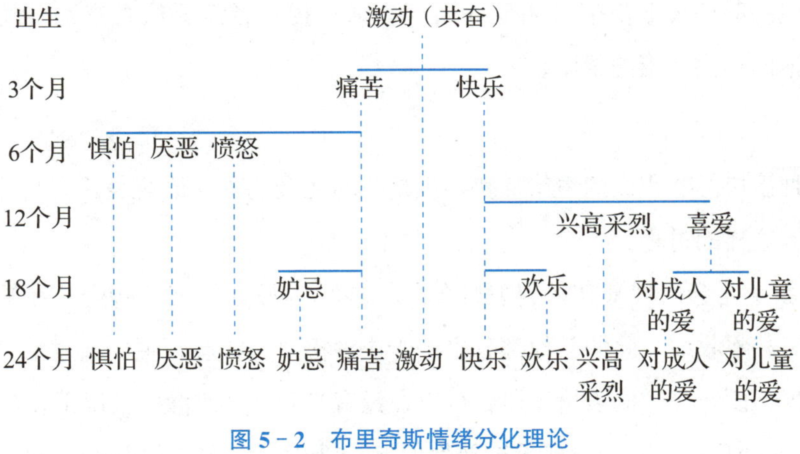

图 5－2　布里奇斯情绪分化理论

资料来源：李林，武丽杰．人体发育学［M］. 3 版．北京：人民卫生出版社，2018.

二、婴幼儿情绪的表达

人的情绪较为丰富，情绪类别的出现可分为两个阶段：第一阶段为初级情绪，如愤怒、悲伤、快乐、惊讶、恐惧；第二阶段为次级情绪，如尴尬、害羞、内疚、嫉妒、骄傲。婴儿从出生后到 6 个月，逐渐显示出各种面部表情，并且逐渐具备所有基本情绪。基本情绪的表情在新生儿阶段大都以自发性、本能的反射的形式出现。随着年龄的增长，婴儿的表情类别逐渐丰富，最重要的发展就是表情的社会化。

0～3 岁是婴幼儿情绪发生与快速发展的时期，最主要的表达方式是“哭”和“笑”。

（一）哭

哭是一种不愉快的、消极的情绪反应，是婴儿最先具有的情绪表达，也是婴儿与成人交流、传递信息、相互了解、建立联系的重要方式。依据啼哭的诱因可将婴幼儿的啼哭分为以下两类：

（1）生理性啼哭：主要是由饥饿、寒冷、疼痛等生理性原因引起的，具有吸引成人照料的作用。这类啼哭随着月龄的增长逐渐减少，到 6 个月左右，下降到之前的 1/3。之后除非出现特殊的情况，较少出现此类啼哭。

（2）心理性啼哭：比生理性啼哭出现得晚，一般出现在 2 个月左右，通常表现为因心理需求得不到满足而出现不同的啼哭，母亲的出现往往会使他们感到安全而停止哭泣。

3 岁内婴幼儿的啼哭有不同的类型，按照不同的需求，一般可以分为饥饿的啼哭、愤怒的啼哭、恐惧或惊吓的啼哭、悲伤的啼哭、招引别人的啼哭等。不同的啼哭，其表现也各不相同，但一般情况下都带有明显的面部表情。抚养者需要认真辨别婴幼儿啼哭的类型，从而为他们提供适当的帮助。

（二）笑

笑是一种愉快的、积极的情绪反映，也是婴幼儿最基本的情绪表达。婴幼儿笑容的诱因一般会经历这样的过程：

0～5 周新生儿会出现最初的自发性的笑，或称内源性的笑，新生儿在笑的时候，眼睛周围的肌肉并不收缩，脸的其他部分也处于一种松弛的状态，主要通过嘴来表现。这是一种生理表现，而非交往的表情手段，可以在没有受到外部刺激的情况下发生。

5 周～3.5 个月，婴儿会出现无选择性的社会性微笑。约 5 周开始，婴儿能区分人和其他刺激，对人的声音、面孔开始有特别的反应，大人的声音、面孔特别容易引起婴儿的微笑，社会性微笑开始出现。这种微笑是面向所有人，无法区分不同人，无论是抚养者还是陌生人，或无论是生气的面孔还是笑的面孔，婴儿均会报以微笑。

3.5 个月之后尤其是从 4 个月开始，婴儿开始出现有选择的社会性微笑，这是一种真正意义上的社会性微笑。随着处理刺激内容能力增加，婴儿逐渐能够分辨熟悉的脸和其他人的脸，并且对不同的人做出不同的反应。他们对主要抚养者母亲笑得最多、最频繁，其次是其他的家庭成员和熟悉的人，而面对陌生人时，则带有警惕性注意，笑得最少。

三、婴幼儿情绪的发展

（一）初级情绪的出现

婴幼儿情绪发生发展的次序、时间、诱因会随年龄增长而发生变化。孟昭兰指出，人类婴儿从进化中获得的情绪有 8～10 种，称为基本情绪，如愉快、兴趣、惊奇、厌恶、痛苦、愤怒、惧怕、悲伤等。这些情绪在个体发展中随着婴儿的成熟、生长而逐步出现。她提出了个体情绪发生的次序、时间，并具体指出了引发各种情绪的诱因。如表 5-1 所示。

表 5-1　婴幼儿基本情绪发生的时间、诱因及情绪表现

情绪类别	最早出现时间	诱因	经常显露时间	诱因
痛苦	出生后	体内生理刺激或痛刺激	出生后	
厌恶	出生后	不良（苦、酸）味刺激	出生后	
微笑	出生后	睡眠中，体内节律反应	出生后	
兴趣	出生后	光、声和运动物体出现	3 个月	
社会性微笑	3～6 周	高频人语声，人的面孔出现	3 个月	熟人面孔出现，面对面玩
愤怒	2 个月	药物注射痛刺激	7～8 个月	身体活动受限
悲伤	3～4 个月	疼痛刺激	7 个月	与熟人分离
惧怕	7 个月	陌生人出现	9 个月	陌生人或新异性较强的物体出现，如带声音的运动玩具出现
惊奇	1 岁	新异物突然出现	2 岁	陌生人或新异性较强的物体出现，如带声音的运动玩具出现
害羞	1～1.5 岁	熟悉环境中出现陌生人	2 岁	熟悉环境中出现陌生人
轻蔑	1～1.5 岁	欢乐状态下显示自己的成功	3 岁	欢乐状态下显示自己的成功
内疚感	1～1.5 岁	抢夺别人的玩具	3 岁	做错事，如打破杯子

可以看出，在新生儿期、婴儿期，婴幼儿基本情绪的诱因主要是生理性因素和外界刺激的影响。例如，出生后厌恶情绪的出现，诱因主要为不良（哭、酸）味的刺激；兴趣产生的诱因是光、声和运动物体出现。然而，随着年龄的增长与生理的成熟，婴幼儿情绪的类别越来越丰富，情绪诱因中的社会性因素逐渐增加。

（二）情绪表达、调节与控制能力的发展

婴幼儿的情绪表达、调节与控制能力随着年龄的增长而增强。具体发展阶段如下：

（1）0～6个月，婴儿的所有基本情绪都已出现。作为抚养者，如果我们经常鼓励婴儿进行积极情绪的表达，婴儿便会经常性地出现该积极情绪。例如，以玩具逗引婴儿，婴儿由于新奇的刺激而产生兴趣，出现笑的积极情绪，抚养者持续进行逗引，该积极情绪便会经常性地出现。而对于消极情绪，婴儿会通过吸吮和回避的方式来调节，布里奇斯的情绪分化模式中提到，婴儿在3个月时出现痛苦和快乐的情绪分化，在这一过程中，为了避免痛苦情绪的深化，婴儿已可以通过吸吮等方式主动进行情绪调节。例如，婴儿饥饿时会感到痛苦并啼哭，这时婴儿便会吸吮自己的手来进行调节。

（2）7～12个月，婴儿会出现愤怒、恐惧、悲伤等消极基本情绪。当出现诱发此类情绪的事件，婴儿会通过滚动、撕咬或远离令人不安的刺激物等方式对情绪进行自我调节。比如斯科尔等人在“视觉悬崖”的实验中，把1岁的婴儿放在“视觉悬崖”上，当婴儿爬向“视觉悬崖”时，母亲在另一边等待，当婴儿停下来看向母亲时，母亲做出害怕或者高兴的表情。实验发现，当婴儿看到母亲害怕的表情时会拒绝向前爬，而当看到母亲高兴的表情时，大部分都会选择勇敢地爬向母亲。由此看见，婴儿会根据社会性参照的面部表情与情绪来调节接下来自主的行动。

（3）1～3岁，幼儿出现自我意识情绪，包括尴尬、害羞、内疚、嫉妒、骄傲等。幼儿在这一阶段的情绪调节可通过转移注意力或控制刺激物的方式进行。在这一过程中，幼儿内部对情绪的加工程度更高。例如，幼儿发现同伴手中拿着新奇的玩具，自己也想拥有，从而出现嫉妒的情绪。为了调节这一情绪，自我中心的幼儿会认为这个玩具应该是自己的并直接用手去抢夺来控制该玩具。

知识链接

0～3岁婴幼儿情绪发展阶段

美国心理学家劳拉·E. 贝克依据婴幼儿年龄，按照情绪的发展阶段对婴幼儿情绪的理解、表达、调节进行了总结，具体见表5-2。

表 5-2　0～3 岁婴幼儿情绪发展阶段

年龄	情绪表达/调节	情绪理解
0～6 个月	所有基本情绪出现，积极情绪的表达受到鼓励并更经常地出现，通过吸吮和回避方式调节消极情绪	可以对快乐、愤怒、伤心的面部表情加以区分
7～12 个月	愤怒、恐惧和悲伤等消极的基本情绪更经常地出现，通过滚动、撕咬或远离令人不安的刺激物等方式对情绪进行自我调节	能更好地再认他人的基本情绪，社会参照出现
1～3 岁	出现次级（自我意识的）情绪，通过转移注意力或者控制刺激物的方式调节情绪	能体验到复杂的情感，自我表现增强，开始谈论情绪和掩饰情绪，同情反应出现

资料来源：李林，武丽杰．人体发育学［M］. 3 版．北京：人民卫生出版社，2018.

四、婴幼儿情感的发展

（一）依恋与焦虑

在 6 个月左右，婴儿与抚养者之间逐渐形成了“亲子依恋”的情感纽带，并随之产生了“分离焦虑”及“陌生人焦虑”的情绪。

分离焦虑主要是指婴幼儿因与亲人分离而产生的焦虑、不安或者不愉快的情绪反应，一般出现在 6 个月左右。

陌生人焦虑是指婴幼儿由于陌生人的出现而产生的紧张不安或者恐惧的情绪，一般发生在 6～7 个月以后，8～10 个月时最为严重，1 岁之后逐渐减弱。陌生人焦虑是婴幼儿开始形成自我保护意识、能够辨别父母与陌生人的重要标志。

亲子依恋、分离焦虑和陌生人焦虑的出现是婴幼儿社会性发展的重要标志，也反映了婴幼儿与其抚养者之间不断增进的情感和社会联结。

知识链接

鲍尔比（Bowlby，1979）对依恋形成和发展的阶段模式的划分

前依恋期（0～2 个月）：婴儿有一种有助于依恋发展的内在行为，处于无差别的依恋阶段。

依恋建立期（2 个月至 6～8 个月）：能够接受陌生人的注意和关照，也能忍耐同父母的暂时分离，依恋尚在形成中。

依恋关系明确期（6～8 个月至 24 个月）：出现“分离焦虑”和“陌生人焦虑”，会主动接近人和主动探索环境。

目的协调的伙伴关系期（24 个月以上）：能较好地理解父母的愿望、情感和观点等，能忍耐同父母的短期分离。

资料来源：李燕，赵燕．幼儿发展基础［M］．北京：中国人民大学出版社，2020.

（二）高级情感的发展

婴幼儿的高级情感主要包括道德感、理智感和美感。这些情感的发展在 3 岁以下均处于萌芽阶段。

1. 道德感的发展

道德感是一种自觉的、有意识的、概括的道德情感。3 岁之前，婴幼儿只有几种道德感的萌芽，这是由于婴幼儿生活的环境以家庭环境为主，抚养者较为单一，没有具体产生道德感的情境。有研究发现，3 岁前婴幼儿只是在成人直接指出他们的行为令人感到羞愧时，他们才会感到羞愧；而 3 岁后幼儿则不需要成人的提示就会对自己的某些行为感到羞愧。

2. 理智感的发展

理智感是在智力活动中，因认识、探求或维护真理的需要是否得到满足而产生的情感体验。好奇心是婴幼儿理智感非常典型的表现。这一时期的婴幼儿对很多事物都感到好奇，脑子里有问不完的“为什么”，当婴幼儿得到满意的答案时就会感到极大的满足，否则就会不高兴。

3 岁开始，幼儿的理智感进入快速发展时期，主要表现为非常喜欢提问，并会因为提问得到满意的回答而感到愉快，也会因为自己主动操作达成目的而获得满足感与幸福感。例如，三四岁的幼儿会长时间专注于搭建构造复杂的积木、塑造千奇百怪的彩泥作品等创造性活动。在理智感发展的过程中，家长和教师要注意保护幼儿的这份好奇心，鼓励他们去探索。

3. 美感的发展

美感是人对事物审美的一种体验，它随着个体审美准则及标准的产生而出现。婴幼儿对于美的感受与体验会经历一个逐步社会化的过程。婴儿对色彩鲜明的物体较为偏好，抚养者可以给婴儿呈现彩色卡、训练婴儿手眼协调的玩具来发展婴幼儿的注意力；3 岁幼儿已具有了朦胧的审美态度，开始接受优美的事物，欣赏它，并产生美感体验。若成人在孩子尤其是女孩面前，常提衣服漂亮、头饰漂亮等，会使孩子将自己的穿着和外貌纳入审美的对象中。例如，3 岁的丁丁有一次为穿什么衣服去托育园与妈妈发生争执。妈妈从保暖的角度让她穿厚一些，而丁丁执意要穿漂亮的裙子。

五、婴幼儿情绪情感的培养

健康的情绪和良好的情感能产生巨大的动力，推动人去从事伟大的事业。列宁曾经指出："没有'人的情感'，就从来没有也不可能有人对真理的追求。"情绪和情感也是影响人健康的心理因素，乐观、平和有益于健康，而忧郁、愤怒有害于身体，人们常说"气大伤身"就是这个道理。许多研究证明，良好情感和健康情绪的培养不但有益于婴幼儿的身心健康成长，而且有利于婴幼儿良好性格的培养，并能促进智力的发展。所以，家长不仅要关心婴幼儿的饮食营养，还要关心婴幼儿的精神营养，注意观察并细致地培养和发展婴幼儿的情感和情绪，使之向着良好、稳定、健康的方向发展。

（一）情绪情感对婴幼儿发展的意义

1. 情绪情感是婴幼儿适应生存的重要心理工具

婴幼儿的情绪反应是和成人进行沟通的有效信号，他们通过向成人传递情绪信息，得到最合适的哺育。例如，婴儿表达原始情绪的方式——啼哭，就是婴儿适应生存的一种重要心理工具。他们通过不同的啼哭声音，向成人传递自身"饥饿""遗尿""疼痛"等生理状态，从而获得抚养者的照护，以达到生理需求的满足。同时，婴幼儿通过情绪反应也能适当地促进自己的社会交往。婴幼儿通过良好情绪情感的传递，获得成人的喜爱、同伴的认可，能够帮助自己更好地实现社会化的过程。

2. 情绪情感能激活和促进婴幼儿的心理活动

研究表明，和其他心理过程一样，情绪和情感也是大脑的机能。在情绪活动中所发生的机体变化和外部表现，与神经系统多种水平的功能相联系。产生情绪的过程会引起人体中呼吸器官、消化器官、心脏、血管等活动的一系列变化。俗话说"人逢喜事精神爽"，积极的情绪可以提高个体的认知、行为、态度的活跃水平，使人神清气爽、精神百倍，从而促进人的身心和谐发展。而消极的情绪会使人呼吸加速、加深，心跳加速、加强，外周血管舒张，血压升高，如突然的惊惧会使呼吸出现暂时的中断，外周血管收缩，脸色变白，出冷汗。不良情绪不利于婴幼儿身心发展。父母可以通过对某些活动的奖励给婴幼儿以喜悦、欢欣的体验，激活和促进婴幼儿的心理活动。

3. 情绪情感能促进婴幼儿认知的发展

愉快的情绪，不仅可以促进婴幼儿身体健康的发展，也可以激活婴幼儿的智力和心理活动，提高婴幼儿的认知加工水平。例如，在进行“梯子”活动的探索中，幼儿探索出了各种可供游戏的活动，比如搭建独木桥、跳马、跳格子等。得到老师的肯定后，幼儿获得了积极的情绪体验，并将该领域活动又迁移到绘画活动中，为活动增添了更多可能性。由此可以发现，积极情绪是婴幼儿认知发展的催化剂。

4. 情绪情感是婴幼儿人际交往的有效手段

婴幼儿通过情绪反应向别人表达他们的需要。情绪与语言一起共同实现着婴幼儿与成人、婴幼儿与同伴间的社会性交往。例如，幼儿会通过拥抱和哭泣表达自己对成人的依恋；也会通过分享玩具、与其他幼儿合作等亲社会行为来获得良好的同伴交往。研究表明，积极情绪多、能很好地处理自己的情绪体验以及善于向其他孩子表明自己情绪状态的儿童更受人欢迎，并且有良好的同伴关系和社会交往能力。

5. 情绪情感能促进婴幼儿意识的产生及个性的形成

情绪作为一种主观体验，为意识提供最初的来源和成分。婴幼儿时期是个性形成的关键时期，情绪情感对婴幼儿个性形成具有重要价值。婴幼儿在与不同的人、事物接触的过程中，产生对自身不同的情绪体验，逐渐促使其形成和加强对自身形象的不同看法和评价。如果婴幼儿经常、反复受到特定环境刺激的影响，反复体验同一种情绪状态，慢慢地这种状态就会稳固下来，最终形成婴幼儿的性格结构。例如，如果家长溺爱幼儿，幼儿遇到任何困难都大包大揽地帮助解决，就易导致幼儿在成长过程中出现抗挫折能力差、情绪自控能力不佳的问题。因此，在日常生活中，家长要创造条件，增加婴幼儿积极的情绪体验，促进婴幼儿良好个性的发展及良好行为习惯的形成。

（二）婴幼儿良好情绪情感的培养

1. 婴幼儿积极情绪的培养

（1）营造良好的情绪环境，保持和谐的气氛。

婴幼儿具有关爱、安全、尊重、自我实现等心理需求，且情绪情感容易受到周围环境的感染和影响。当婴幼儿的心理需求得到满足后，婴幼儿便会出现积极的情绪体验。

在婴幼儿期，与孩子关系最密切的环境就是家庭。因而，家长必须为婴幼儿创设良好的家庭环境，采取民主的家庭教养方式，建立和谐的亲子关系，正确认识婴幼儿对父母的依恋行为，建立稳定的情感联结。妥善处理婴幼儿在初次入托时出现的分离性焦虑，在家园有效合作中提高婴幼儿的适应性。在家庭教育中，制定井井有条的作息制度，让孩子远离沮丧感，保持兴高采烈的情绪，感受到友善和安全。

婴幼儿具有“向师性”，教师需要关怀、理解、尊重、接纳婴幼儿，为婴幼儿创造一个支持性的环境，并尽可能为孩子们创造快乐和享受的体验，如到户外花园里散步，与孩子们唱歌跳舞等，鼓励孩子养成积极的情绪。孩子的情绪非常不稳定并且容易受刺激，因此在创造孩子的精神环境时，教师要注意自己的教育行为与行为的示范作用。教师必须从婴幼儿的角度有效地发现其精神秘密和需求，并为婴幼儿创造能够满足其情感需求的环境和心理环境，保持孩子的积极情绪。

（2）成人做到情绪自控，为婴幼儿提供行为示范。

婴幼儿喜欢模仿，教师和家长就是婴幼儿模仿和学习的对象，因此成人要做好自身情绪管理。作为托育教师，要做到控制自己的情绪，以温柔、亲和、鼓舞的姿态面对所有婴幼儿，婴幼儿在这种环境下成长，会更有安全感，也会学习和效仿成人的积极情绪。为人父母，更要做好情绪调节与自控。德本汉姆（Debham，1991）等的研究表明，幼儿的情绪调节能力及同伴交往能力，与其父母的情绪调节能力密切相关，那些在同伴交往中情绪表现较积极的幼儿，其父母往往都具有较好的情绪调节能力。还有许多研究者指出，如果父母能经常以适应孩子情绪化实践的方式，对孩子的情绪发展做出积极反应，会对孩子的情绪调节以及调节策略的发展产生积极影响。另外，母亲对婴儿的自我情绪调节发挥着格外重要的作用。母亲为孩子提供了情绪表达的榜样，在与孩子玩耍时，母亲所展现出来的情绪多半是快乐、感兴趣和惊奇，这些情绪是孩子获得积极情绪体验的源泉和榜样。

（3）采取积极的教育态度，肯定为主，多鼓励。

德国美学家席勒曾说过："只有当人是充分意义上的人的时候，他才游戏，只有当人游戏的时候，他才完全是人。"游戏是孩子表达情感的工具，对孩子的智力发展也具有重要意义。对于婴幼儿来说，他们可以在游戏中控制和发泄自己的情绪，例如绘画、涂色书、玩泥巴、玩沙盘、玩水、唱歌、跳舞等都可以表达孩子们的各种情感和感受，使他们感到快乐。此外，孩子们可以在玩耍时使用象征性物体表达情感，成年人不应该阻止孩子表达适当的负面情绪，不能要求孩子只能有"好"的表现，因为孩子成长发育尚不完善，他们不了解也无法控制自己的情绪，担心和焦虑是不可避免的。游戏可以促进积极情绪的发展，使婴幼儿摆脱这些不愉快的感觉。因而，教师要为婴幼儿创设游戏的环境，提供游戏的材料，使婴幼儿在游戏中体验多种多样的情绪情感。

阅读、绘画、舞蹈等文学与艺术作品可以萌发婴幼儿的高级情感。婴幼儿喜欢儿童化、优美的文学作品，许多作品也传达出关爱、合作、谦让等主题，人物角色鲜明，情节贴近婴幼儿生活，能够让婴幼儿在艺术创造与表现的过程中发泄自己的情感，体会内在的情绪，萌发积极的审美体验。例如，幼儿通过学习《好宝宝》这首歌曲，可以在活泼轻快的曲调中感知爱爸爸、爱妈妈的美好情感，也体验到"想要快快长大"的情绪。因而，家长和教师要选择符合婴幼儿认知和年龄特征的优秀儿童文学艺术作品，培养婴幼儿的高级情感。

2. 婴幼儿消极情绪的消除

成人要帮助婴幼儿消除和克服不良情绪，使其保持和形成积极的情绪情感。孩子一般都会有新鲜感和好奇感，会因恐惧而情绪不稳定，这是不可避免的。例如，如果父母生病或家庭离异，孩子可能就会丧失信心；如果父母对孩子的期望很高，孩子精神上的压力就会很大。作为托育人员，应该尽力帮助孩子摆脱不良情绪，发展积极的情绪。托育人员也可以转移孩子的注意力，以减轻孩子的压力，对于受家庭不良影响的孩子和残疾儿童，需要多观察、多帮助。以下方法可以有效帮助托育人员控制幼儿的不良情绪：

（1）运用多种方法帮助孩子控制情绪。

婴幼儿的情绪调控能力需要在成人引导下逐步提高，可选用的方法有转移法、冷却法和消退法。

1）转移法。婴幼儿情绪具有易变性，一会儿哭一会儿笑，容易受外界事物的影响，因而，托育人员可以根据婴幼儿情绪易变这一特点，帮助婴幼儿改变或转移不良情绪。例如，初入托的婴幼儿存在分离焦虑，为了缓解婴幼儿对陌生环境的恐惧，可以允许婴幼儿带自己喜欢的玩具、熟悉的物品入园，以此转移婴幼儿的注意力，缓解婴幼儿的入园焦虑。

2）冷却法。冷却法即搁置一段时间，让婴幼儿的情绪得以宣泄，最后逐渐“降温”的方法。当婴幼儿情绪十分激动，无论如何转移都收效甚微时，便可以采用置之不理的方法，让他冷静下来。当婴幼儿处于激动状态时，成人切忌对其大喊大叫，这样的处理方式对其情绪长期发展也是不利的。著名犯罪心理学家李玫瑾教授曾说，孩子哭闹的时候，父母就静静地坐在旁边，等孩子自己哭累了，可以用热毛巾给孩子擦擦脸以示关心。如若孩子一出现情绪问题，成人就立即给予满足与安慰，容易让孩子以此作为“不讲理”的手段，对其性格形成具有阻碍作用。所以，当孩子出现情绪问题时，要给孩子表达情绪的过程，接纳孩子的情绪，实际上孩子哭的过程也是他自己冷静下来的过程和处理自己情绪的过程，成人要给他宽容的环境，待其平静后再通过认知引导等方法进行教育引导。有些幼儿园会设置独立的反思角，并设有图书、玩具、舒适的座椅，给婴幼儿一个安全、舒适的环境，允许婴幼儿在不伤害别人的前提下表达和处理自己的消极情绪。

3）消退法。消退法就是利用强化的方式，缓解及消除婴幼儿的不良情绪。例如，幼儿在回答问题时，总是不举手就立即给出答案，这样容易导致教学活动的秩序混乱，也不利于幼儿养成独立思考的习惯。因而，教师在进行提问环节时，首先提出要求，回答问题要举手，当老师叫到名字时才可给出答案，回答正确就可以奖励小红花。如果没有举手就给出答案，不能得到小红花。教师在这种规则下开展教学活动，并结合幼儿的表现及时给出评价。在这个过程中，幼儿逐渐改正了不举手回答问题的习惯，也提升了参与教学活动的积极性。

（2）教会孩子调节自己的情绪。

情绪调节是人们为了实现一定的外显或内隐的目标，对自己的情绪施加影响，使其发生改变的过程或行为。情绪调节对促进目标达成、提高社会适应能力、促进心理健康和提升幸福感都有重要意义，情绪调节能力不足容易导致情绪障碍和各种问题行为。和情绪反应风格有稳定的生理基础不同，情绪调节在很大程度上是一种习得的能力。同样，婴幼儿的情绪表达方式更多是在生活中学会的，因此，有必要引导婴幼儿在生活中有意识地进行情绪调节，提高情绪表达能力。调节情绪的方法主要有反思法、自我说服法和想象法。

1）反思法。托育人员可以通过谈话的方式，引导婴幼儿思考在具体情绪出现的时候，自己的情绪表现是否合适。例如，当同伴之间由于争抢玩具而出现攻击性行为时，教师让两位幼儿进行反思，并抓住教育契机，将问题抛给幼儿，让幼儿讨论该如何控制不良情绪。

2）自我说服法。自我说服法主要是通过语言的方式，对自身的情绪进行自我剖析与说服。在日常生活、游戏中，要引导婴幼儿借助语言的力量调节情绪。比如，当幼儿在进行积木搭建，发现缺乏材料而无法进行下去准备放弃时，教师可以鼓励幼儿，让幼儿主动思考如何改变材料的用法，坚持将游戏进行下去；当小朋友在玩耍过程中摔倒，快要哭泣时，鼓励幼儿自己给自己打气，如“我不怕疼，我最勇敢”，以此给自己积极暗示，调节不良情绪。

3）想象法。托育人员要鼓励婴幼儿积极发挥想象，引导婴幼儿体会多样的情绪情感。随着年龄的增长，在正确的引导和培养下，婴幼儿能逐步学会调节自己的情绪，情绪表达也更符合社会文化规则。

本章小结

本章主要介绍了关于情绪情感的基本心理学知识，明确了婴幼儿情绪发生与发展的特点：先天性、丰富化和深刻化、社会化、自我调节化。重点阐明了婴幼儿情绪的理解、情绪的表达，以及不同月龄阶段婴幼儿情绪、情感的发展，最后提出培养良好情感和健康情绪的策略和建议。

思考与练习

一、单项选择题

1. 情绪是由独特的（　　）、外部表现和生理唤醒三种成分组成的。

A. 客观体验　　B. 主观体验　　C. 情感体验　　D. 态度体验

2.（　　）具有不稳定性，往往由当时的情境所引起。它有较为明显的外部表现，如高兴时手舞足蹈，愤怒时咬牙切齿。

A. 感情　　B. 情绪　　C. 情感　　D. 个性

3. 某托儿所引导刚入所的孩子早上来时向老师说“早上好”，下午离园时说“再见”，结果许多孩子先学会说“再见”，而“早上好”则较晚才学会，其重要原因是孩子早上不愿和父母分离。这是（　　）。

A. 情绪对幼儿认知发展的作用

B. 情绪的分化

C. 情绪对幼儿心理活动的动机作用

D. 情绪的社会化

4. 新生儿原始情绪反应具有的特点是（　　）。

A. 与生理需要是否得到满足有直接关系

B. 是出生后适应新环境需要的产物

C. 具有系统化、社会性的特点

D. 和间接动机相联系

5. 婴幼儿喜欢成人接触、抚爱，这种情绪反应的动因是为满足婴幼儿的（　　）。

A. 生理性需要　　B. 情绪表达性需要

C. 自我调节性需要　　D. 社会性需要

6. 新入园的幼儿看见妈妈离去时会伤心地哭，当妈妈的身影消失后，经老师劝导，很快就会开心起来，如果妈妈再次从窗口出现，又会引起孩子的不愉快情绪。这表明（　　）。

A. 幼儿情绪具有易冲动性

B. 幼儿情绪具有外露性

C. 幼儿情绪的不稳定性与他们易受情境的影响有关

D. 幼儿情绪的易变性与幼儿情绪易受感染与暗示有关

7. 妈妈对正在大哭的幼儿说："看这里这么多的泪水，我们正缺水呢，快来接吧。"这时妈妈真的拿来一个杯子，结果幼儿破涕为笑了。这种控制情绪的方法是（　　）。

A. 转移法　　B. 消退法　　C. 冷却法　　D. 想象法

二、多项选择题

1. 根据情绪的发生强度、持续性和紧张度不同，可以把情绪状态分为三种基本形式。下列选项中属于情绪基本形式的是（　　）。

A. 心境　　B. 激情　　C. 愤怒　　D. 应激

2. 从社会内容角度来看，情感可以分为三类，其中包括（　　）。

A. 激情　　B. 道德感　　C. 理智感　　D. 美感

三、简答题

1. 简述婴幼儿情绪情感发生与发展的特点。

2. 简述如何培养婴幼儿良好的情绪情感。

四、案例分析题

红红今年 3 岁，她看到喜欢的小鸭子玩具碎了，就伤心地哭起来，妈妈给她一块巧克力，她就笑了；看见小朋友哭了，她又跟着哭了起来。请根据情绪发展的趋势原理对红红的情绪特点加以分析。

第六章 婴幼儿个性的发展

本章结构图

- 婴幼儿个性的发展
  - 婴幼儿个性概述
    - 个性的概念
    - 个性的结构
    - 个性的基本特征
  - 婴幼儿自我意识的发展
    - 自我意识概述
    - 婴幼儿自我意识发展的阶段
    - 婴幼儿自我意识发展的特点
  - 婴幼儿个性心理特征的发展
    - 婴幼儿气质的发展
    - 婴幼儿性格的发展
    - 婴幼儿能力的发展

学习目标

知识目标

1. 掌握婴幼儿个性的概念及结构。
2. 熟悉婴幼儿自我意识发展的阶段和特点。
3. 掌握婴幼儿气质、性格、能力的基本特点。

能力目标

1. 学会识别并分析婴幼儿的气质类型的不同。
2. 能够根据婴幼儿的性格特征，为婴幼儿提供科学有效的早期教育。

素养目标

1. 尊重、接纳婴幼儿个性差异，因材施教。
2. 了解自我，丰富完善自己的个性。

情景导入

双胞胎会形成完全不同的性格，发展速度也会有差异，随着不断的成长，他们的能力也可能出现巨大的差异，到底是什么造成了个体性格、能力的差异呢？下面我们一起来了解婴幼儿个性的发展吧，看看作为托育人员，我们应该如何面对婴幼儿多样的个性。

第一节　婴幼儿个性概述

一、个性的概念

所谓个性，是一个人比较稳定的、具有一定倾向性的各种心理特点或品质的独特组合。个性是个体有别于他人的整个心理面貌，是人类心理的重要组成部分。人与人之间个性的差异主要体现在每个人待人接物的态度和言行举止中。要想了解一个人的个性，主要看其言行表现，而在言语和行为两者中，行为表现更能反映一个人真实的个性。

二、个性的结构

个性由个性倾向性、自我意识、个性心理特征三部分组成，如图 6－1 所示。

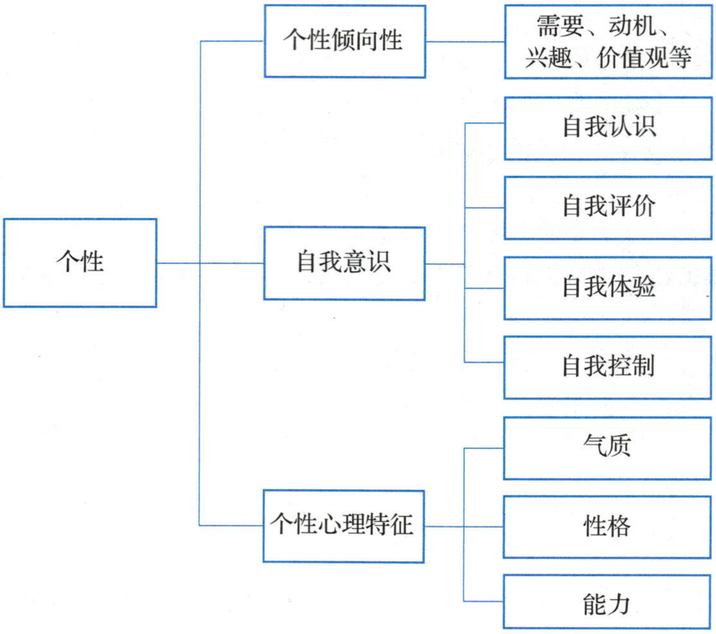

图 6－1　个性的结构

（一）个性倾向性

个性倾向性主要包括需要、动机、兴趣、理想、信念、价值观与世界观等心理成分。它是个性的动力系统，以积极性和选择性为特征，它不仅制约着人的心理活动方向，而且决定了人的心理活动的动力和积极性。个性倾向性是个性的核心。

（二）自我意识

自我意识是个性心理结构中的自控机构，它的主要作用是通过自我认识、自我评价、自我体验和自我控制对个体进行调控，保证个性的完整、统一、和谐。

（三）个性心理特征

个性心理特征是个性的独特性的集中表现，是个体心理差异性的表征，体现了一个人的典型心理活动和行为，它主要包括能力、气质和性格，其中性格是最核心的特征。

三、个性的基本特征

个性具有三个基本特征，分别是整体性、独特性和稳定性。

（一）整体性

个性是一个统一的整体结构，个性的整体性是指构成个性的各种心理成分和特质在一个现实的个人身上并不是孤立存在的，而是密切联系构成一个完整的功能系统。

首先，个性的整体性表现为各种心理成分的一致性。一个正常的个体能够及时、正确地认识和评价自己，能够及时地调整内心世界中的各种矛盾，使人的内心世界、动机和行为之间是和谐一致的。其次，个性的整体性还表现为个性是由各个紧密联系的成分构成的多层次、多维度、多侧面、多水平的统一整体。这些层次、维度和水平有主次之分。例如，有的人刚毅勇敢，但又不乏温柔，也有的人就只有勇猛。最后，个性整体性还表现为只有从整体出发，在和其他个性特征的联系中，才能认识个别特征，使其具有确定的意义。由此可见，正常人的心理是多样性的统一，是一个有机的整体。

（二）独特性

个性的独特性是指人与人之间的心理和行为是各不相同的。由于个性组合结构的多样性，每个人的个性也各具特点。但是，强调独特性不等于排除个性的共同性。在共同文化影响下，同一民族、同一地区、同一阶层、同一群体的个体之间具有一些共同的典型心理特点。例如，婴幼儿普遍具有活泼好动、好奇、好问等心理特征，但不同的婴幼儿又有不同的个性特点。从这个意义上来说，个性是差异性和共同性的统一。

（三）稳定性

个性的稳定性是指个体的个性特征经常地、一贯地表现在其心理和行为之中，具有跨时间的连续性和跨空间的一致性。例如，一个人经常表现得理智、冷静、有分寸，体现了“自制”的个性特征。由于个性的稳定性，我们可以从婴幼儿时期的个性特征推测其成年后的人格特征。不过，个性的稳定性并不意味着人的个性是一成不变的，在生理因素和环境因素的影响下，个性也会发生变化。

第二节　婴幼儿自我意识的发展

一、自我意识概述

自我意识指的是人对所有属于自己的身心状况的意识，包括意识到自己的生理状况（如身高、体重、形态及健康程度等）、心理特征（如需要、兴趣、能力、性格等）以及自己与他人的关系（如自己与周围人们的关系、自己在班集体中的地位和作用等）。对婴幼儿来说，自我意识就是要意识到他们每一个人都是特别的存在，是一个与其他人区别开来的、拥有自己身份的实体。在自我认识的过程中，个体把认识的目光对着自己，这时的个体既是认识者，又是被认识者。在个体的心理发展中，自我意识的发展是个性形成和发展的重要条件，是衡量个性成熟水平的标志，也是推动个性发展的内部动因。自我意识对人的影响可以说是终生的，直接关系到一个人生活的幸福与否。因此，我们每个人都要不断地完善自我，使自我意识越来越成熟。

婴幼儿对自己的意识不是一生下来就有的，而是在其发展过程中逐步形成和发展起来的。人首先认识外部世界、认识他人，然后才逐步认识自己。自我意识是在与他人交往的过程中，根据他人对自己的看法和评价发展起来的。

二、婴幼儿自我意识发展的阶段

自我是一个由多种结构构成的动力系统，具有两个方面的特征：一是区别于他人的分离感，即意识到自己是一个独立的个体，在身体、情感和认知方面具有独特性；二是跨时空稳定的统一感，即一个人知道自己是长期持续存在的。

在自我概念领域，影响力比较大的是美国心理学家威廉·詹姆斯的理论，他将自我概念划分为主观自我（主我）和客观自我（客我）。

（一）主观自我的发展（2 岁前）

主观自我，是自我概念的一部分，独立于其他人和物。婴儿一出生就具备原始的主观自我意识。在出生后的最初几个月，婴儿的任务是开始调和关于自己的行为及其影响的不同信息。在婴儿期，婴儿把自己看作是这个世界的代理人——似乎能够使各种事情发生，能够回应并控制周围的环境。例如，婴儿敲打悬挂的玩具，玩具发出悦耳的铃声，婴儿表现出高兴的情绪，这也是自我概念形成的第一步——他意识到自己能够控制世界上的某些事。这种控制感同样发生在婴儿与成人互动、成人恰当回应婴儿行为的时候，如当婴儿微笑时回报以微笑。

皮亚杰也提出主观自我发展过程中的一个关键元素——“客体永久性”，9～12 个月的婴儿在看不到爸爸妈妈时，能够初步明白他们和父母是分别存在的，父母不会因为短暂离开而消失。

阿姆斯特丹（B. Amsterdam）利用“点红实验”研究了婴幼儿自我意识发展的过程。在婴儿毫无察觉的情况下，研究人员在其鼻子上涂一个无刺激红点，然后观察婴儿照镜子时的反应。研究假设，如果婴儿在镜子里能立即发现自己鼻子上的红点，并用手去摸它或试图抹掉，表明婴儿已能区分自己的形象和加在自己形象上的东西，这种行为可作为自我意识出现的标志。研究结果发现，婴儿对自我形象的认识要经历三个发展阶段：

（1）游戏伙伴阶段：6～10 个月。此阶段婴儿对镜子中自我的映像很感兴趣，但认不出他自己。此时婴儿还没有萌生出自我意识。

（2）退缩阶段：13～20 个月。此时幼儿特别注意镜子里的映像与镜子外的东西的对应关系，对镜中映像伴随自己做出动作的现象更是好奇，但似乎不愿与“他”交往。

（3）自我意识出现阶段：21～24 个月。这是幼儿在有无自我意识问题上出现质的飞跃的阶段，这时幼儿能明确意识到自己鼻子上的红点并立刻用手去摸。

（二）客观自我的发展（2～3 岁）

自我概念发展的第一步是幼儿明白自己是世界的一分子，自己也拥有一些特征，如姓名、性别、大小等，这种自我意识就标志着“客我”的出现。

在 2 岁末，幼儿自我概念的发展迈出了第一步，也是最关键的一步，即分离的、独特的身份的建立，这在阿姆斯特丹的实验中已得到印证。

2 岁时，幼儿会用人称代词“我”来表示自己，用别的词表示其他事物，这说明他开始意识到了自己心理活动的过程和内容，开始从把自己当作客体转化为把自己当作一个作为主体的人来认识。这是自我意识的萌芽阶段，也是自我意识发展中的一次质变和飞跃。

一旦幼儿达到了这种自我意识的状态，就会在行为方面表现出坚持性，2 岁左右的幼儿开始表现出一种新的对玩具或其他所有物的所有权意识（“我的”），这也被看作是一种自我意识的副产物。还有一种行为表现是幼儿开始表达一些自我意识的情感，例如，尴尬、骄傲或者羞愧等。幼儿最初的自我意识也与其自我评价有密切的联系。2 岁开始，幼儿越来越渴望得到成人的肯定，他们会根据成人的反应来评价自己是否达到了某一个标准或者期望值。

当达到最初的自我意识水平后，婴幼儿就开始通过学习有关自己的品质特征和社会角色来定义“我是谁”。2 岁的幼儿不仅仅知道自己的名字，还能够告诉别人自己是男孩还是女孩，以及自己是大还是小；同时，在社交游戏中幼儿也学会了很多活动的一些日常程序，如在游戏中，他能够将自己想象成是一位老师。

（三）情感的自我

在知道自己是独立个体的基础上，幼儿逐渐开始了对自己的简单评价，幼儿的自我评价逐渐发展起来。情感的自我是幼儿理解和调控自己的情绪等方面的能力。这个过程的一部分是冲动控制的发育，例如饥饿时愿意等待而不是哭泣；另一部分是学会情绪表达的社会规则。3 岁左右的幼儿开始明白有的时候自己必须微笑，即使自己没有觉得特别高兴，即开始具备“社交性的微笑”。同时，幼儿逐渐学会简略地或者克制地表达其他的情绪。

三、婴幼儿自我意识发展的特点

（一）自我认识发展的特点

自我认识的对象包括自己的身体、自己的动作、自己的心理活动等。婴幼儿自我认识的发展就表现在对这几方面的认识的发展。

婴幼儿对自己身体的认识需要经过五个阶段：（1）不能意识到自己的存在；（2）认识到自己身体各部分的存在；（3）能认识到自己的整体形象；（4）意识到身体内部状态；（5）能将名字与身体联系在一起。

婴幼儿对自己动作的认识也是逐步发展的，他们通过自己的动作将动作与动作对象区分开来，并逐渐形成动作意识。婴幼儿对自己动作的认识主要表现在：（1）区分动作和动作对象。例如，踢球时球会向前滚，感受到自己的力量后，会主动踢球、拍打东西等。（2）出现了最初的独立性。在许多场合下，婴幼儿会拒绝成人的帮助，总是说“我自己来”，这表明婴幼儿已经开始意识到由自己发出的某种动作。

婴幼儿对自己心理活动的认识更难、更滞后。从 3 岁左右开始，幼儿出现了对自己内心活动的意识。随着年龄的增长，幼儿开始正确地使用代词“我”，这意味着幼儿意识到自己是各种行动和心理活动的主体。4 岁以后幼儿开始出现对自己认识活动和语言的意识，并在活动中运用一定的方法。

（二）自我评价发展的特点

婴幼儿自我评价的发展呈现出以下特点。

1. 以依从性的评价为主

在婴幼儿期，婴幼儿的自我评价往往只是成人评价的简单再现，经常是不假思索地将成人对自己的评价纳入自我评价体系之中。例如，生活中经常听到类似的对话：“你是个好孩子吗?”“是啊!”“为什么呢?”“因为妈妈说我是个好孩子。”此后，幼儿对成人的评价不会轻易再现，如果成人的评价不准确或不恰当，幼儿还会申辩或抗议。

2. 关注对局部的评价

婴幼儿的自我评价是一个逐步发展的过程，刚开始婴幼儿只能片面地、零碎地进行自我评价，随着年龄的增长，逐渐学会比较全面、整体地进行评价。

3. 从对外部行为的评价向对内在品质的评价过渡

最初，婴幼儿的自我评价比较明显地表现为对自己外部行为的评价，不能对自己的内在品质做出评价，随着年龄的增长，婴幼儿的自我评价逐渐向对内在品质的评价过渡。

4. 从具有强烈情绪色彩的评价发展到根据简单的行为规则的理智评价

婴幼儿的评价常常带有强烈的主观情绪性，他们往往不是从客观的角度进行评价，而是以自己的情绪体验、情感好恶作为评价的依据。

5. 从笼统不分化的评价到比较具体细致的评价

婴幼儿的自我评价一般是简单的、笼统的、不分化的，只有较少的婴幼儿具有分化的评价能力。例如，当你问婴幼儿哪些地方表明他是个好孩子时，他往往不知道怎么回答。

（三）自我体验发展的特点

自我体验发生于 4 岁左右，随着年龄的增长逐渐发展，与自我意识的发展总趋势基本一致。婴幼儿自我体验发展的趋势和主要特点是：（1）从初步的内心体验发展到较强烈的内心体验；（2）从受暗示的体验发展到独立的体验。

（四）自我控制发展的特点

自我意识发展的一个重要标志是个体不仅能认识和正确评价自己，而且在一定程度上能够自觉控制和调节自己的行为。婴幼儿自我控制发展的主要特点是：（1）从主要受他人控制发展到自我控制；（2）从不会自我控制发展到使用控制策略；（3）受父母控制特征的影响。

第三节　婴幼儿个性心理特征的发展

一、婴幼儿气质的发展

（一）气质的概念

气质是人的三大个性心理特征之一，指一个人所特有的、相对稳定的心理活动的动力特征，具体表现在心理活动的强度、速度、灵活性与指向性等方面。气质，是婴儿出生后最早表现出来的一种较为明显而稳定的个人特征，是在任何社会文化背景中父母都能最先观察到的婴儿的个人特点。研究表明，新生儿的气质在出生后两天就已经显现出来了，有的孩子爱哭好动，有的孩子平静安静，这就是最初表现出来的气质差异。

（二）气质的类型

1. 经典分类——希波格拉底的“体液说”

希腊医生希波格拉底对气质的分类方法历时久远，一直影响至今。他的“体液说”认为人体内有四种体液——黄胆汁、黑胆汁、血液、黏液，其分布多寡构成了人的气质差异，并将气质划分为四种类型：胆汁质、多血质、黏液质和抑郁质。

（1）胆汁质。

胆汁质的人，黄胆汁分泌过多，导致精力旺盛，容易兴奋，反应迅速，不易被约束，情绪明显表露于外，但持续时间不长，可成为积极、热情的人，也可发展为任性、粗暴、易发脾气的人。

（2）多血质。

多血质的人，血液过多，因此反应敏捷，活泼好动，情绪外显，情感丰富，能力强，可塑性强，但注意力不够集中，兴趣容易转移，缺乏持久力。

（3）黏液质。

黏液质的人，黏液分泌过多，导致安静沉稳，反应迟缓，情感含蓄，平时沉默寡言，交际适度，能克制自己，稳定持久但适应缓慢。

（4）抑郁质。

抑郁质的人，黑胆汁分泌过多，导致孤僻敏感，反应迟缓，感受性高，善于察觉他人不易察觉的细节，情绪反应深刻、持久，但不表现于外，属于内倾型。

利用体液比例解释气质类型是缺乏科学根据的，但是气质和四种气质类型的名称却为许多学者所采纳并沿袭下来，至今仍被人采用，如表 6－1 所示。

表 6－1　气质类型及其特点

气质类型	特点	代表人物
胆汁质	直率热情、表里如一、暴躁易怒、脾气急、感情用事	张飞、李逵
多血质	反应迅速、有朝气、活泼好动、动作敏捷、情绪不稳定	王熙凤
黏液质	稳重踏实、自制力强、灵活性差、有些死板	沙僧、林冲
抑郁质	行为孤僻、不善交往、适应力差、多愁善感	林黛玉

2. 代表分类——托马斯-切斯气质分类法

近年来，托马斯（A. Thomas）和切斯（S. Chess）对气质类型的划分比较有代表性，被广泛运用。托马斯和切斯从 9 个维度对从出生到 3 岁的婴幼儿的气质类型进行划分，共分为三种类型。

（1）容易型。

大多数婴幼儿属于这一类，托马斯、切斯通过研究发现，40%的婴幼儿容易适应新环境，也容易接受新事物和不热悉的人，吃、喝、玩、大小便等生理机能活动有规律、节奏明显。他们情绪一般积极、愉快，对成人的交流行为反应适度。由于他们生活有规律、情绪愉快，且会对成人的抚养活动提供大量的积极反馈（强化），因而容易受到成人最大的关怀和喜爱。

（2）困难型。

这类婴幼儿的人数较少，约占全体被试者的10%。他们时常大声哭闹、烦躁易怒、爱发脾气、不易安抚。在饮食、睡眠等生理机能活动方面缺乏规律性，对新食物、新事物、新环境接受很慢，需要很长的时间去适应新的安排和活动，对环境的改变难以适应。他们情绪总是不积极，在游戏中也不愉快。成人需要费很大力气才能使他们接受抚爱，很难得到他们的正面反馈。这种孩子在教育和抚养过程中需要成人极大的耐心和宽容，否则易使亲子关系疏远，导致孩子缺乏抚爱和教养。

（3）迟缓型。

这一类型的婴幼儿约占15%。他们的活动水平很低，行为反应强度很弱，情绪总是消极而不太愉快，但也不像困难型婴幼儿那样总是大声哭闹，而是常常安静地退缩、畏缩、情绪低落，逃避新刺激、新事物，对外界环境、新事物、生活变化适应缓慢。在没有压力的情况下，他们会对新刺激缓慢地发生兴趣，在新情境中能逐渐活跃起来。这类婴幼儿随着年龄的增长，会因成人抚爱和教育情况的不同而发生分化。

在托马斯和切斯的试验中，以上三种类型只涵盖了65%的被试者，另有35%的婴幼儿不能简单地归列到上述任何一种气质类型中去，他们往往具有上述两种或三种气质类型混合的特点，情绪、行为倾向性和个人特点不明显，属于上述类型中的中间型或过渡型。托马斯-切斯气质分类法中气质的主要维度如表6-2所示。

表6-2　托马斯-切斯气质分类法中气质的主要维度

维度	表现
活动水平	在睡眠、饮食、玩耍、穿衣等方面身体活动的数量
规律性	机体的功能性：在睡眠、饮食、排便等方面
常规变化适应性	以社会要求的方式调整最初反应的难易性
对新情境的反应	对新刺激、食物、地点、人、玩具或玩法的最初反应
感觉阈限水平	产生一个反应需要的外部刺激量

续表

维度	表现
反应强度	反应的能量内容，不考虑反应质量
积极或消极情境	高兴或不高兴行为的数量
注意分散度	外部刺激（声音、玩具）干扰正在进行活动的有效性
坚持性和注意广度	在有或没有外部障碍的条件下，某种具体活动的保持时间

3. 普遍接受的气质分类

最近几年的研究者们更倾向于接受阿诺德·巴斯、罗伯特·普洛明以及杰罗姆·凯根的气质维度分类。阿诺德·巴斯和罗伯特·普洛明认为气质主要包括三个关键维度：活动水平、情绪（主要指负向情绪）和社会性；杰罗姆·凯根只专注于一个维度：行为抑制性，也就是日常生活中所说的“害羞”。

综上所述，气质学家们一直致力于确定气质的关键维度，并在过去的30年里达成了一个共识，即气质主要包括以下几个关键维度：

（1）活动水平：倾向于经常性的、充满活力的运动，而不是保持被动或不动。

（2）趋避性/正性的情绪：对于陌生人、新的情境或事物是趋近而不是躲避，通常伴随着积极情绪。这个维度近似于巴斯所提到的社会性维度。

（3）抑制性和焦虑水平：以恐惧或者退缩来回应陌生人、新的情境或事物。

（4）负性情绪/激惹性/愤怒：倾向于以愤怒、大惊小怪或者大的声音等来回应，对沮丧不耐受。这个维度近似于托马斯和切斯所描述的“困难型”，以及巴斯和普洛明提出的“情绪性”维度。凯根研究发现我国婴儿的激惹性要低于西方文化背景下的婴儿。

（5）努力控制/坚持性：保持注意集中的能力，对注意力和努力程度的控制。

（三）婴幼儿气质的特点

1. 气质具有先天性

气质特征是与生俱来的，是由基因所决定的。很多关于双生子的研究显示，相比异卵双生子，同卵双生子的气质和性格有很大的相似性。

2. 气质具有相对稳定性

气质特征贯穿整个婴幼儿期，且一直延续到成人期。这种稳定性表现在不同年龄阶段某个气质维度的测量值之间存在中度的关联。越来越多的研究显示从婴儿期到儿童期，气质测量值是具有稳定性和连续性的。有研究者对198名婴幼儿从出生到小学的气质发展进行了长达10年的追踪调查研究。研究发现，在大多数婴幼儿身上，早期的气质特征一直保持着稳定的状态。例如，一名活动水平高的婴幼儿，在2个月时，睡眠中比较爱动，此婴幼儿到了5岁时，在进食时经常离开桌子，总是跑来跑去；而一名活动水平低的婴幼儿，婴儿期睡眠时或穿好衣服后都不爱动，此婴幼儿到了5岁时，穿衣服需要很长时间，在电动玩具上能安静地坐很久。

3. 气质具有可预测性

研究发现，婴儿4个月时的气质可以预测成人早期大脑结构的不同。婴儿期表现出害羞特质的个体在成人早期右侧大脑皮质比左侧大脑皮质要厚，而婴儿期比较活跃的个体则相反。研究显示，婴儿期气质特征的神经学基础可能是终身发育潜在模式的一部分，即可能是一生发育发展的一部分。

4. 气质具有个体差异

婴儿出生后就表现出气质上的个体差异。到了幼儿期，幼儿已经比较明显地出现不同的气质类型。婴幼儿个性初步形成，个性的个体差异会在气质方面表现出来。例如，一个有经验的教师可以较容易地发现婴幼儿的气质特征，并找出具有各种气质类型的婴幼儿。

5. 气质具有一定的可变性

虽然气质是比较稳定的心理特征，但并不是不可以变化的。婴幼儿的气质类型跟环境相互作用，可能会使气质特征得到强化或改变。婴幼儿进入托育机构后，在托育人员和父母的教育下，一些消极的气质特征会逐渐得到修正，甚至完全消除。例如，胆汁质婴幼儿的急躁、任性和黏液质婴幼儿的孤独、畏怯等会逐渐改变。同时，在成人的积极引导下，婴幼儿行动的敏捷性、注意的稳定性等积极的气质特征会逐渐巩固和发展。消极特征的纠正和积极特征的发展可能导致整个气质类型的改变。应注意的是，在不良教育方式或不良榜样的影响下，婴幼儿也可能形成新的消极特征。例如，因常常看有武打情节的动画片或受到父母的打骂，一些幼儿出现了攻击性行为，而且性情暴躁、不能控制自己。另外，婴幼儿的气质也有可能受到生活条件和教育条件的影响而发生“掩蔽”现象。所谓“掩蔽”现象是指一个人的气质类型并没有变化，但形成了一种新的行为模式，表现出一种不同于原来类型的气质外貌。例如，一个女孩的行为表现明显属于抑郁质，但神经活动类型检查结果却是“强、平衡、灵活型”。原来，她长期处在十分压抑的生活环境中，这种条件下形成的特定行为方式掩盖了原有的气质类型，而表现出了畏缩、缺乏活力等行为特点。由此可见，婴幼儿的气质具有相对稳定的特点，但并不是一成不变的，后天的生活环境和教育对婴幼儿的气质具有十分重要的影响。

（四）婴幼儿气质的教育

气质是个性特征的重要方面，塑造和完善婴幼儿的个性是现代教育的要求。因此，父母和托育人员了解气质的实质与类型特征，对于做好教育工作，培养婴幼儿健全的人格是极为重要的。

1. 成人的抚养和教育应契合婴幼儿的气质

成人对婴幼儿的抚养和教育措施，必须充分考虑到婴幼儿的气质特点。由于每个婴幼儿的气质特点各不相同，父母应主动地使自己的行为节律与婴幼儿的行为节律相适应。比如，对于抑郁质婴幼儿应格外细心照料，多加鼓励；对于难以适应新环境的婴幼儿，在刚送入托育机构时应该多加帮助。同时，成人要注意引导婴幼儿的行为遵循社会所要求的标准和规则。这些对婴幼儿良好个性的形成都是十分重要的。

2. 要善于理解不同气质类型婴幼儿的不足之处

尽管我们说气质类型无所谓好坏，但不同气质类型的婴幼儿在社会生活中总会表现出一些适宜或不适宜的情况。例如，黏液质的婴幼儿自制力较强，有耐心，但迟缓、执拗，不够活泼；抑郁质的婴幼儿细致，但怯懦、易退缩；多血质的婴幼儿活泼开朗，机敏灵活，但有时不够踏实；胆汁质的婴幼儿倾向于大胆、坦率、热情，但又莽撞、粗心。成人要善于利用每一气质类型的积极方面，给婴幼儿提任供充分表现的机会，同时对于其气质特征中的不尽如人意之处，要表现出充分的理解，并采取适宜的策略和方法引导。

3. 要巧妙地利用不同气质类型婴幼儿的心理特点因势利导

抑郁质的婴幼儿比较敏感，不宜在公开场合点名指责，对他们要多表扬成绩，培养自信心，激发活动积极性。对胆汁质的婴幼儿，不宜针锋相对去激怒他们，要教会他们自制，并逐步养成遵守纪律的习惯。对多血质的婴幼儿，要培养其耐心、专心做事的习惯。对黏液质的婴幼儿，要引导他们多和其他婴幼儿交往，鼓励他们多参加集体活动。

4. 要注意和防止一些极端气质类型婴幼儿的病态倾向发展

抑郁质和胆汁质婴幼儿，如果稳定性发展过差，不能很好地控制自己，便会表现出一些病态倾向。通常抑郁质婴幼儿在极不稳定的情况下易发生紧张、胆怯、恐惧、强迫等具有神经焦虑症倾向的障碍；而胆汁质婴幼儿的极端化发展则可能与一些更具有攻击性和破坏性的行为有关。父母和托育人员要学会分辨一些基本的心理障碍倾向，采取科学的态度慎重对待。气质本身没有好坏之分，每一种气质都既有优点又有缺点。而教育的目的不是设法改变婴幼儿原有的气质，而是要克服其气质的缺点，发展它的优点，使婴幼儿在原有气质的基础上建立优良的个性特征。对于胆汁质的婴幼儿，要培养勇于进取、豪放的品质，防止任性、粗暴；对于多血质的婴幼儿，要培养热情开朗的性格及稳定的兴趣，防止粗枝大叶、虎头蛇尾；对于黏液质的婴幼儿，要培养积极探索的精神及踏实、认真的特点，防止墨守成规、谨小慎微；对于抑郁质的婴幼儿，要培养自信心，防止多疑、孤僻。

知识链接

拟合优度模型

婴儿的气质会随着年龄的增长而变化，这说明环境并非总是支持某种气质类型。托马斯和切斯提出了拟合优度模型来描述气质和环境因素是怎样共同作用，对儿童发展产生良好结果的，即气质类型的形成，关键在于父母的教养方式是否与儿童的气质特点相符合。拟合优度模型包括创造婴儿的抚养环境，在这种环境中识别每个孩子的气质类型，同时鼓励他们表现出更多的恰当行为。儿童与父母是相互影响的。如母亲属于生活很有规律的人，但婴儿属于困难型气质，母亲就会想方设法建立一种秩序，按时给婴儿喂奶，让孩子按时睡觉等，但孩子没有这种节律，这势必会使母婴之间出现冲突。反过来也一样，如果孩子是有节律的，而父母没有，也会引发亲子关系的不和谐。再如对于生性好动、活动水平高的孩子，父母过多的干预可能会抑制他的探索行为，导致他对新奇事物不感兴趣，慢慢转化为面对学习和社会挑战的强烈的焦虑不安。父母养育方式和孩子气质类型的不一致，称为拟合劣化，它会助长孩子的抵抗性和充满冲突的人格。相反，尽管孩子有消极行为，但父母能积极正面地教养孩子，为孩子创造一个愉快、稳定的家庭环境，孩子的适应障碍就会随年龄增长而降低。

气质类型与父母教养方式的拟合优度模型提示我们：每个婴儿都是带着独一无二的气质来到这个世界上的，气质无好坏之分。父母所要做的就是提供适合儿童发展的成长环境，给他们以成长的力量，帮助他们迎接成长的挑战。

资料来源：林崇德．发展心理学［M］. 3 版．北京：人民教育出版社，2018.

二、婴幼儿性格的发展

（一）性格的概念

性格是指人对现实的态度和行为方式中比较稳定的心理特征的总和。性格和个性不是一回事，不能把个性归结为性格，也不能只把性格看作个性的一种特征。性格是具有核心意义的个性特征，它是个性的核心。

（二）性格的类型

1. 外向型和内向型

瑞士心理学家和精神分析医师、分析心理学的创立者荣格（Carl G. Jung）根据人的心理活动倾向于外还是内，把性格分为外向型和内向型两大类。外向型的人心理活动倾向于外部，特点是活泼开朗、喜欢交际；内向型的人心理活动倾向于内部，特点是谨慎小心、交际狭窄。

2. 独立型和顺从型

美国心理学家威特金（Herman A. Witkin）根据场独立性和场依存性的特点，把人的性格分为独立型和顺从型两大类。独立型的人善于独立思考，不容易受外来因素的干扰，能够独立地发现问题和解决问题，但有时会把自己的意见强加于别人；顺从型的人则易受外来因素的干扰，没有主见，常常会不加分析地接受别人的意见而盲目行动，应变能力较差。

关于性格的划分还有多种理论。例如，美国学者霍兰德提出了匹配理论，认为一个人的性格与兴趣和职业密切相关，并把人的性格划分为六种类型：实际型、调查型、艺术型、社会型、企业型和传统型。德国哲学家、教育家斯普兰格根据人的社会生活方式以及由此而形成的价值观把人的性格分为理论型、经济型、审美型、社会型、权力型和宗教型。

（三）婴幼儿性格的萌芽

婴幼儿的性格是在先天气质类型的基础上，在婴幼儿与父母的相互作用中逐渐形成的。母子关系在婴幼儿性格的萌芽过程中起着最重要的作用。母亲的良好照顾，会使婴幼儿获得安全感，形成对母亲的信任感和依恋感，为以后良好性格的形成打下基础。2 岁左右，随着各心理过程、心理状态和自我意识的发展，婴幼儿出现了性格的萌芽。在 3 岁左右，婴幼儿出现了最初的性格方面的差异，主要表现在合群性、独立性、自制力、活动性等方面。

（四）婴幼儿性格的特征

婴幼儿性格的特征具体表现在以下几方面。

1. 活泼好动

活泼好动是婴幼儿的天性，也是其最主要的性格特征。一个健康的婴幼儿，其活泼好动可以达到成人无法理解的程度，且伴随着他的成长过程。这跟婴幼儿身体的生长发育有关，他们的活动方式多样化且富于变化，这是其生命活动的需要。婴幼儿的一些不安分、不规矩的举动，恰恰反映了婴幼儿活泼好动的性格。

2. 喜欢探索

喜欢探索周围环境也是婴幼儿的天性。从出生那天起，婴幼儿就对周围的一切产生了浓厚的兴趣。从几个月开始，婴幼儿就喜欢玩小东西，常会用不同的方法如丢、扔、猛打来加以试验，并且对其结果充满兴趣。这是婴幼儿对外界事物进行探索的独特方式。婴幼儿通过敲打、扔、捏、挤、抓、转等动作，发现其带来的结果，从而理解原因和结果之间的关系。

3. 好奇好问

好奇心是一种认识与兴趣，是促使人投入活动的一种内在动力。婴幼儿有着强烈的好奇心和求知欲，主要表现在探索行为和提出问题两个方面。研究表明，婴幼儿的好奇心与其母亲的教养态度密切相关。

4. 模仿性强

模仿性强是婴幼儿的典型特点，婴幼儿经常通过模仿来学习新的行为，班杜拉认为，所有的社会行为都是习得的。婴幼儿模仿的对象可以是成人，也可以是同伴。对成人的模仿主要是对教师或父母行为的模仿，这是由于这些人是婴幼儿心目中的“偶像”，他们希望通过模仿“偶像”的行为尽快长大，进入成人的世界。同伴之间的相互模仿更多，模仿方式有即时模仿，也有延迟模仿。通过强化和模仿，婴幼儿不仅可以学会一些外显行为，也可以习得观念、期望、内在的标准和自我的概念。

5. 好冲动

婴幼儿的情绪易变化，自制力不强，加上经常处于激动状态，对行为过程缺乏思考，常常想到什么就要做什么，不考虑后果，也不知道失败的危险，执拗、顶撞是常有的事，因而经常会闯祸。年龄越小，冲动特征越明显。遇到这种情况时，成人首先要对婴幼儿进行情绪安抚，再进行教育，或者快速转移他的注意力，使婴幼儿情绪逐渐稳定，但转移法不能滥用，否则不利于婴幼儿自控力的培养。

三、婴幼儿能力的发展

（一）能力概述

1. 能力的概念

能力是指人们成功地完成某种活动所必须具备的个性心理特征。例如，画家绘画除了要有基本的物质条件外，还应具备色彩鉴别能力、形象记忆能力、比例估计能力等。能力包含两种意义：一种是实际能力，另一种是潜在能力。人的潜在能力是实际能力形成的基础和条件，实际能力是潜在能力的展现。

人的活动一般比较复杂，要想保证一项活动的顺利完成，不是单靠一种能力就可以的，而是需要多种能力的结合。完成一项活动所需要的各种能力的有机结合就是才能。才能的高度发展叫天才，表现为一个人能独立地、富有创造性地完成某些活动。天才不是天生的，它是个人凭借先天获得的生理条件，在社会环境和教育的影响下，通过主观努力逐渐发展起来的。

2. 能力与知识、技能的关系

知识是人脑对客观事物的主观表征。知识主要有两种形式：一种是陈述性知识，即“是什么”的知识（如北京是中国的首都，埃菲尔铁塔在法国巴黎等）；另一种是程序性知识，即“如何做”的知识（如骑马的知识、开车的知识等）。知识是活动的自我调节机制中一个不可缺少的构成要素，也是能力基本结构中一个不可缺少的组成部分。

技能是指人们通过练习获得的动作方式和动作系统。技能也是一种个体经验，但主要表现为动作执行的经验，因而与知识有区别。技能作为活动的方式，有时表现为一种操作活动方式，有时表现为一种心智活动（智力活动）方式……技能直接控制着活动动作程序的执行，因此是活动自我调节机制中的一个组成要素，也是能力结构的基本组成部分。

知识和技能是能力的基础，只有那些能够广泛应用和迁移的知识和技能，才能转化为能力。能力不仅包含了一个人现在已经达到的成就水平，而且包含了一个人所具有的潜力。

知识、技能并不等于能力，但知识、技能与能力又有密切的关系。首先，能力的形成与发展依赖于知识、技能的获得。随着知识、技能的积累，人的能力也会不断提高。其次，能力的高低也会影响到掌握知识、技能的水平。一个能力强的人更易获得知识和技能，他们在学习知识和技能时付出的代价也比较小；而一个能力较弱的人可能要付出更大的努力才能掌握同样的知识和技能。所以，从一个人掌握知识、技能的速度与质量上，可以看出其能力的高低。

3. 能力与性格的关系

（1）不同的性格特征对能力的发展有不同的影响。例如，认真、勤奋、谦虚、坚定、自信等优良性格品质，都能促使能力更好地形成与发展。同时，优良的性格特征往往能够弥补某种能力的不足。俗话说“勤能补拙”“笨鸟先飞早入林”，说的就是勤奋这种性格特征对能力缺陷的弥补作用。而不良的性格特征，如马虎、懒惰、敷衍了事和狂妄自大等都会阻碍能力的发展，甚至导致能力衰退。

（2）性格与能力往往是在活动中逐渐形成的，人的每一次活动都有各种心理活动参与，与此同时，能力和性格也在发生着一系列变化。

（二）能力的分类

人类所从事的活动丰富多彩，完成这些活动所必需的能力也是多种多样的。根据不同的标准，可以把能力分为不同的种类。

1. 按能力的倾向性分类

按能力的倾向性不同，可将能力分为一般能力和特殊能力。

（1）一般能力。

一般能力是指人在各项活动中都必备的最基本能力，也就是通常所说的智力，主要包括观察力、记忆力、思维力、想象力、注意力和创造力。其中思维力是核心成分，创造力是高级表现。

（2）特殊能力。

特殊能力是指人在特殊活动领域中所需具备的能力，如数学能力、音乐绘画能力、机械操作能力等。

一项活动的完成既需要一般能力，也需要特殊能力。一般能力和特殊能力是有机地联系在一起的。一般能力是各种特殊能力形成和发展的基础，一般能力的发展为特殊能力的发展创造了有利的条件；特殊能力的发展，也会促进一般能力的发展。在各种活动中，特殊能力与一般能力共同起作用。

2. 按能力的创造程度分类

按能力的创造程度不同，可将能力分为模仿能力和创造能力。

（1）模仿能力。

模仿能力是指在活动中能顺利地掌握别人积累的知识和技能，并按现成的模式进行活动的能力。人的能力不是先天具有的，是在生活中不断向他人学习而形成的。模仿是人学习所必备的一种能力，通过模仿，人原有的行为可以得到巩固或改变。社会学习理论认为，模仿是人们彼此之间相互影响的重要方式，是实现个体行为社会化的基本历程之一。

（2）创造能力。

创造能力是指在创造活动中能创造出具有社会价值的、独特的、新颖的产品的能力。心理学家认为，创造能力的基本特征是独特性和有价值性。正是由于有创造能力，人才能在模仿的基础上有所突破、有所发展。

模仿能力和创造能力是相互联系的。模仿能力是创造能力的基础，一般来说，人总是先模仿后创造。模仿活动一般都包含创造性的因素，而创造性活动也需要模仿能力。

（三）婴幼儿能力发展的特点

1. 婴幼儿能力发展的一般特点

（1）多种能力的显现与发展。

婴幼儿在与周围环境的互动中，逐渐积累了知识，掌握了一些技能，同时也发展了能力。尤其是在有计划、有目的、有组织的专门的教育活动中，通过指导婴幼儿观察事物、认识事物，进行计算、绘画、音乐等活动，可有意识地培养婴幼儿的智力，使婴幼儿初步形成比较稳定的作为个性心理特征的能力。

（2）智力结构随着年龄的增长而变化。

人在 3 岁以前大脑发育速度最快。大部分新生儿脑重为 350 余克，占人脑的 25%；12 个月后脑重已经将近成人的五分之三；24 个月时约占成人的四分之三；到 36 个月时，幼儿脑重已几乎与成人一般。人的学习能力和习惯的一半是在 3 岁之前习得的。研究表明，婴幼儿期是智力发展最快的阶段，应特别重视婴幼儿专注力及创造力的培养。

（3）出现了主导能力的萌芽，也出现了比较明显的类型差异。

婴幼儿期，个别婴幼儿的某些特殊才能已经有所表现，如音乐、绘画、体育等。根据哈克和齐汉对儿童开始表现出音乐能力的年龄的研究，在 1～3 岁年龄阶段人数比例最大，其次是 4～6 岁阶段，10 岁以后随年龄增长明显减少。

例如，我国唐代诗人白居易 1 岁开始认字，5～6 岁就会作诗，9 岁已精通声韵；奥地利著名作曲家莫扎特，在 3 岁时已能弹奏简单的和弦，4 岁时能弹奏《米奴哀》和简单的小曲，5 岁开始创作。

2. 婴幼儿能力发展的个体差异

（1）发展类型的差异。

在日常观察中就可以发现，有的婴幼儿记忆能力较强，很长的儿歌、快板词等很快就能记住；有的婴幼儿理解能力较好，对故事的内容、计算的方法等很容易了解。在记忆时，有的婴幼儿善于视觉记忆，有的善于听觉记忆；有的婴幼儿对形象的东西过目不忘，有的婴幼儿则最擅长记忆抽象、逻辑性强的东西。在一些特殊能力上也存在明显的个体差异。例如，有的婴幼儿绘画能力突出，而有的婴幼儿则擅长动手操作各种机械及器具，还有的婴幼儿能歌善舞，对音乐、节律特别敏感。个体间的能力类型差异是一个普遍现象。

（2）发展水平的差异。

除了能力类型差异之外，婴幼儿在能力发展水平上也存在不均衡现象。绝大多数婴幼儿的能力发展正常，但有少部分婴幼儿的能力水平高于常态，也有少部分婴幼儿的能力水平低于常态。这种智力发展水平分布符合统计学上所谓的正态分布，其特点为处在中间位置上（中等水平）的人数居多，处在极高或极低这两个极端水平上的人数较少。

（3）发展早晚的差异。

能力发展对不同的个体而言有早有晚，有些人“早慧”，有些人“大器晚成”。能力发展水平超群的婴幼儿常常能受到人们的关注并着力加以特殊培养。据统计，音乐家的才能在学前期出现的，比在以后年龄出现的更多。

本章小结

本章主要介绍了个性发展的基础知识，重点阐明了婴幼儿自我意识发展的阶段：主我发展、客我发展、情感自我的发展，以及从自我认识、自我评价、自我体验、自我监控四个方面详细介绍了自我意识发展的特点，重点阐述了婴幼儿气质、性格、能力发展的类型及特点，同时提出相应的发展策略。

思考与练习

一、单项选择题

1. 幼儿在 2～3 岁的时候，掌握代词“我”，这是幼儿（　　）。

A. 个性形成的重要标志

B. 自我意识萌芽的最重要标志

C. 同一感发展的最重要标志

D. 自我感觉发展的重要标志

2. 轩轩性子很急，每次拿小人书都是拿一大沓，翻得很快，即使新书也很快看完；他喜欢活动量大的活动，上课时坐不住，总是随便站起来。根据以上行为表现判断轩轩的气质类型偏于（　　）。

A. 胆汁质　　B. 黏液质　　C. 多血质　　D. 抑郁质

3. 下列哪一项不属于婴幼儿性格的年龄特征？（　　）

A. 好冲动　　B. 爱模仿　　C. 善于交际　　D. 好动

4. 一个性格豪爽的孩子，无论在家还是在外都表现出这种品质，说明婴幼儿个性具有（　　）。

A. 稳定性　　B. 独特性　　C. 社会性　　D. 整体性

二、多项选择题

1. 个性的基本特征主要有（　　）。

A. 独特性　　B. 整体性　　C. 典型性　　D. 稳定性

2. 婴幼儿自我控制能力的发展主要表现在（　　）的发展方面。

A. 独立性　　B. 自尊心　　C. 自制力　　D. 坚持性

3. 三岁左右，婴幼儿出现了最初的性格方面的差异，主要表现在（　　）等方面。

A. 合群性　　B. 独立性　　C. 活动性　　D. 自制力

三、简答题

1. 简述个性的结构。

2. 简述婴幼儿自我评价发展的特点。

3. 简述婴幼儿性格的特征。

四、案例分析题

乐乐已经 2 岁 7 个月了。最近一段时间，乐乐的“言行举止”总是让妈妈弄不明白。“究竟是为什么呢?”这个问题一直萦绕在妈妈的脑海里。

前几天，妈妈和乐乐一起坐在院子里乘凉，乐乐看到深蓝的天幕上那如洗的圆月，调皮地眨巴着眼睛的星星，非常兴奋，和妈妈有说不完的话。可乐乐哪里知道劳累了一天的妈妈的心思。妈妈说：“天黑了，该睡觉了。”“月亮为什么不睡觉？那星星为什么还眨眼睛?”乐乐的反问让妈妈惊讶!

妈妈和乐乐一起到大街上散步，他极不愿意让妈妈拉他的手，总是那样不听话。最让妈妈担心的是平坦的道路他不走，却偏偏一摇三晃地走那凹凹凸凸的地方。在饭桌上也是如此，本来会自己好好地用汤匙吃饭，却故意把米粒撒一饭桌，用手捡着放到嘴里。不过有时也挺可爱的。例如，前天中午，妈妈把做好的饭菜刚端到饭桌上，还未来得及解围裙，乐乐一脸认真地说：“妈妈，你辛苦了。”

根据以上案例说明，这个时期婴幼儿教育中应注意哪些问题。

第七章　婴幼儿社会性的发展

本章结构图

- 婴幼儿社会性的发展
  - 婴幼儿社会性发展的意义与内容
    - 婴幼儿社会性发展的意义
    - 婴幼儿社会性发展的内容
  - 婴幼儿人际关系的发展
    - 婴幼儿亲子关系的发展
    - 婴幼儿同伴关系的发展
  - 婴幼儿社会行为的发展
    - 婴幼儿亲社会行为的发展
    - 婴幼儿攻击性行为的发展

学习目标

知识目标

1. 了解婴幼儿社会性发展的意义和内容。
2. 熟悉婴幼儿亲子关系与同伴关系的发展。
3. 掌握婴幼儿社会行为的发展。

能力目标

1. 掌握促进婴幼儿人际关系及亲社会行为发展的策略。
2. 能够根据婴幼儿社会性发展的内容进行科学有效的早期教育。

素养目标

1. 团结协作，构建良好的人际关系。
2. 以身作则，提高法律修养，做好婴幼儿的楷模和表率。

情景导入

小宝满周岁时，家中来了亲戚家的两位三四岁的小客人，一位是小哥哥，一位是小姐姐，他们为抢一个摇摇车你推我搡。那个小哥哥占了上风，小姐姐快急哭了。小宝一会儿看着小姐姐，一会儿看着小哥哥，再看看不远处的大人。可是大人们聊天正说在兴头上，顾不上他们的事。小宝突然“嗯、嗯”地叫了几声，并伸出胖胖的小手，摸了摸小姐姐的脸。

这反映了婴幼儿的什么行为？婴幼儿社会性发展的意义是什么？婴幼儿是如何表现社会性行为的？应该如何引导婴幼儿相关方面的发展？

第一节　婴幼儿社会性发展的意义与内容

婴幼儿社会性的发展是指婴幼儿在自我意识、人际交往、情绪表达与控制、社会性行为，以及社会性适应等方面的变化过程。通过社会性发展，婴幼儿逐渐掌握社会规范，并且开始适应社会角色。

一、婴幼儿社会性发展的意义

（一）社会性发展能影响婴幼儿的身心健康

良好的社会性发展能够有效地促进婴幼儿的身心健康。每个人的大脑都一直在接收着各种外界信息，这些外界信息对人的情绪以及情感不断产生着影响，愉悦和积极的情绪情感能够有效地促进内分泌系统的平衡，让全身的腺体工作正常，进而促进婴幼儿的生长和发育。同时，社会性发展还能够对婴幼儿的心智发展产生影响，如果婴幼儿的社会性发展良好，他们的自控和适应能力就会很强，也更容易和别人相处，在情绪、心态和自信心方面都能够表现得更加积极；而且他们更有毅力，承受打击的能力更好，在面对挫折时，他们也能够勇于承担、努力克服。

（二）社会性发展是婴幼儿社会交往和情感的需要

婴幼儿从刚出生就开始了社会性发展。根据需要的起源，人类的需要可分成生物性需要和社会性需要两种，其中社会性需要就是与社会生活紧密联系的需求，如认知需求、劳动需求、交往需求等，它们很多都体现了婴幼儿的情感需要。而作为客观存在于世上的人，整个成长过程就是一个社会化发展的过程，在和他人的交往中，个体就获得了社会性，习得了社会中的各种规范、知识体系、行为方式和价值取向等，并将其转化为自己的行为准则，这些都是社会交往的需要。

（三）社会性发展是婴幼儿兴趣认知的需要

婴幼儿的兴趣是认知的源泉，在这个世界上，很多社会事物和社会现象都能够引起婴幼儿的兴趣，感知并认识这些社会现象和事物，婴幼儿就和社会有了交流和沟通。但是婴幼儿对社会的认知和成年人有着本质的区别，在婴幼儿主体观念形成的过程中，不能让婴幼儿简单地去接受成年人的思想观念，或是直接进行社会规范和规则的记忆，而是要让婴幼儿了解这些事物后，再进行自己的判断，以此来形成自我的认识。因此，越早进行婴幼儿社会性发展的教育，越有利于培养婴幼儿过硬的素质，使其在未来激烈的竞争中处于优势地位。

（四）社会性发展有利于婴幼儿人格的全面发展

婴幼儿人格的发展同样和社会性发展息息相关。古今中外的教育学家一直都把婴幼儿的社会性发展教育当成婴幼儿教育的重点。如陶行知先生就指出，0～3 岁是培养人格的最佳时期。如果这个时候的教育做得好，那么以后的人格培养就要容易很多。法国的婴幼儿教育也注重将婴幼儿向社会中引导，让他们在和同伴玩耍的过程中以及其他一些活动中充分认识自己、认识环境，然后学会控制自己的情绪，防止过度情绪化，消除自身的攻击性，了解人际关系的处理方法，知道如何和别人进行合作，养成良好的生活习惯，建立良好的人际关系，从而实现婴幼儿健全人格的塑造。

二、婴幼儿社会性发展的内容

婴幼儿社会性发展的内容主要有：亲子关系、同伴关系、性别角色、亲社会行为、攻击性行为等。

亲子关系是父母与子女（亲生子女、养子女或继子女）之间的关系，不同的亲子关系类型对婴幼儿的影响是不同的。

除亲子关系外，与其他儿童建立的同伴关系也是儿童发展中的一项重要任务。对婴幼儿来说，影响同伴关系的主要因素是外表及个人性格。有的婴幼儿在同伴交往中存在一些问题，成为交友困难的婴幼儿，他们是被忽视型婴幼儿和被排斥型婴幼儿。在婴幼儿期，要尽量帮助那些交友困难的婴幼儿，使他们逐渐被同伴接受。

性别角色的发展是以婴幼儿性别概念的掌握为前提的，婴幼儿通过对同性别长者的模仿而形成自己这一性别所特有的行为模式，即性别行为。婴幼儿性别角色的发展主要经历三个阶段：知道自己的性别，并初步掌握性别角色知识；自我中心地认识性别角色；刻板地认识性别角色。影响婴幼儿性别角色行为的因素主要有两个，一是生物因素，二是社会因素。

亲社会行为是一个人帮助或打算帮助他人或群体的行为及倾向。影响婴幼儿亲社会行为的因素有：社会生活环境、婴幼儿日常的生活环境及移情。

攻击性行为是一种以伤害他人或他物为目的的行为。婴幼儿攻击性行为比较频繁，以身体上的攻击为主，并存在明显的性别差异。婴幼儿攻击性行为受父母的惩罚、榜样、强化及挫折的影响。

第二节　婴幼儿人际关系的发展

3 岁以下婴幼儿的人际关系主要体现在亲子关系、同伴关系两个方面。

一、婴幼儿亲子关系的发展

所谓亲子关系，是指婴幼儿与父母（或养父母）之间进行交往并伴随着一种情感的关系。亲子关系有狭义和广义之分，狭义的亲子关系主要指依恋，是以后婴幼儿建立同他人关系的基础；广义的亲子关系是指父母与子女的相互作用方式，即父母的教养态度与方式。在亲子关系的研究中，影响最大的理论是依恋关系理论，尤其是早期的母子关系尤为重要。

（一）婴幼儿依恋的含义

依恋是婴幼儿寻求并企图保持与另一个人亲密的身体和情感联系的一种倾向。这里的

“另一个人”主要是母亲，也可以是别的抚养者或与婴幼儿联系密切的人，如爸爸、爷爷、奶奶等其他家庭成员。当处在依恋关系中时，如果依恋对象在身边，婴幼儿会感觉到一种特别的安全感和舒适感，而且在探索周围环境时，依恋对象就成为婴幼儿的安全基地。

每个婴幼儿从一出生，就开始了由一个自然人向社会人转化的过程。从婴幼儿早期情感的发展中可以发现，当孩子开始对母亲的爱抚报之以动作或微笑（“社会性微笑”）时，他们就开始了人际交往，这种交往也是一种强烈的情感联系，使得婴幼儿最愿意和父母在一起。当婴幼儿遇到困难、感到恐惧时，便寻找父母，表现出一系列依恋行为。

（二）婴幼儿依恋的主要表现

（1）婴幼儿把积极的情感和行为都指向母亲，比如对妈妈微笑和咿咿呀呀说话。

（2）婴幼儿最喜欢跟母亲在一起，与母亲的接近会使婴幼儿感到舒适、愉快。

（3）在遇到陌生人和陌生的环境而产生恐惧时，母亲的出现能使婴幼儿获得最大的安全感。

（4）当婴幼儿感到饥饿、寒冷、疲倦的时候，首先寻找母亲。

（三）婴幼儿依恋的发展阶段

根据鲍尔比的理论，依恋行为的发展主要经历四个阶段。

1. 第一阶段：0～3个月，无差别的社会反应阶段

在这个阶段，很少有研究表明婴儿对父母产生了依恋，但这个时期建立了依恋的根基，即婴儿建立了与父母互动的期待和图式。具体表现如下：

（1）婴儿对所有人的反应是不加区别、无差别的反应。

（2）婴儿还没有对任何人产生明显的偏爱，喜欢所有的人。

（3）所有人对婴儿的影响是一样的，与婴儿各种形式的接触都能够引起婴儿的愉快、满足。

2. 第二阶段：3～6个月，有差别的社会反应阶段

从3个月左右开始，婴儿的依恋行为开始变得不那么泛化，出现以下表现：

（1）婴儿还不怯生，但对不同人的反应已经有了区别。

（2）对母亲很偏爱，在母亲面前表现出更多的微笑、依偎和接近，对其他熟悉的人就少一点，对陌生人的反应就更少。

（3）没有形成安全基地，在与父母分开或在面对陌生人时还没有表现出焦虑情绪。

3. 第三阶段：6个月到2岁，特殊情感联结阶段

6个月左右，婴儿才会表现出真正的依恋，一旦建立了清晰的依恋关系，相关的行为

也随之出现，其中包括“社交偏爱”，10 个月左右的婴儿可以根据面部表情来引导自己的安全基地行为。例如，当处于新的环境中时，通过看爸爸妈妈的脸色判断是继续探索还是保持距离。具体表现如下：

（1）从 6～7 个月开始，婴幼儿对母亲的存在更加关切，特别喜欢跟母亲在一起。

（2）当母亲离开时会哭喊，不让母亲离开，别人不能替代母亲。

（3）母亲是婴幼儿的安全基地，只要母亲在身边，婴幼儿就能够安心地玩，探索周围的环境。

（4）对母亲表现出了明显的依恋，形成了对母亲的专门的情感联结。

（5）对陌生人的态度变化很大，不再微笑，而是紧张、恐惧和哭泣，出现了怯生的现象。

4. 第四阶段：2～3 岁，目标修正关系阶段

这个阶段，虽然幼儿对父母的依恋仍比较强，但大多数的依恋行为都不再那么明显。幼儿与父母已经形成了永久的联系，能对依恋对象的行为进行预测，母亲不在身边的时候能够理解她肯定会返回到自己的身边。亲子双方通过增进交流、一起协商，调整彼此接触的形式和频率。例如，妈妈提出“你午休起床之后我就回家啦”，幼儿对此与妈妈进行交流与协商，从而降低焦虑水平。

知识链接

婴幼儿姿势调整、注视和依偎

在哺乳过程中，婴幼儿和母亲之间有一种姿势的相互调整，婴幼儿在吮吸母亲的乳头或以“拥抱”状态被抱起时，可以缓解紧张情绪，感到轻松愉悦。大量研究表明，拥抱的姿势与依恋之间有着密切的关系，那些不愿意接受拥抱的婴幼儿，其依恋形成较慢，强度也低。

婴幼儿的注视行为是被物体的某些特征引发的，婴幼儿尤其偏爱注视人的面孔，并偏爱那些同他们保持目光接触和信息交流的成人。

依偎（包括抓握）对婴幼儿来说也是亲密的接触，而且从习性学的角度来看，对依恋对象的抓握和依偎是具有遗传基础的。在此基础上，抓握和依偎逐渐演变成一种依恋行为。

资料来源：刘婷 . 0～3 岁婴幼儿心理发展与教育［M］. 上海：华东师范大学出版社，2021.

(四) 婴幼儿依恋的类型

安斯沃斯根据婴幼儿在实验中与依恋对象的关系密切程度、交往质量的不同，将其依恋模式分为安全型依恋、回避型依恋和矛盾型依恋。之后的研究者在此基础上又提出第四种类型——混乱型依恋。

1. 安全型依恋

大部分婴幼儿明显地依恋于其母亲，称为安全型依恋。这种依恋表现为母亲在场时婴幼儿偶尔需要靠近或接触她，当婴幼儿独自被留在一个不熟悉的环境中时，则有较强的维持联系的行为发生。当母亲在场时，这些婴幼儿感到足够安全，能在陌生的环境中进行探索和操作，他们与母亲在一起时不是只缠着母亲不放，而是对不熟悉的玩具和其他物体表现出好奇并进行操作。在熟悉的环境中，如在家中，这些婴幼儿极少由于普通的暂时分离而感到不安，母亲回到身边时他们也会表现出热情。

2. 回避型依恋

回避型依恋的婴幼儿极少对母亲不在身边表现出不安。当母亲回到身边时，他们也避免与母亲的相互作用，不理睬母亲与他们交往的表示。实际上，这类婴幼儿并未形成对人的依恋，所以也被称为“无依恋的婴幼儿”。这些婴幼儿的母亲对孩子的信号不敏感，她们很少与孩子有亲密的身体接触，她们不是以充满感情的，而是以冷漠的或怒气冲冲的、不可捉摸的方式与婴幼儿交往。

3. 矛盾型依恋

矛盾型依恋的婴幼儿不管他们的母亲在不在身边，都会经常表现出强烈的不安和哭闹，这种依恋又被称作焦虑型依恋。他们要么对与母亲的联系不感兴趣，要么对这种联系表现出矛盾，这种矛盾表现为时而追寻、靠近母亲，时而又发怒地推开和拒绝母亲。母亲要离开之前，他们总显得很警惕，有点大惊小怪。母亲要离开他们时，他们会表现出极度的反抗；但是与母亲在一起时，他们又无法把母亲作为他们安全探究的基地。这类婴幼儿的母亲在与孩子的相互作用中是不敏感的、笨拙的，情感活动水平较低，但其拒绝倾向没有回避型依恋婴幼儿的母亲那样强。

4. 混乱型依恋

混乱型依恋的婴幼儿没有固定的模式，他们看起来总是害怕抚养者，对抚养者表现出恐惧、过分任性，并对其感到迷惑。在陌生环境中，他们会表现出杂乱无章和缺乏组织的行为，以及极大的不安全感。这类婴幼儿更容易发展成为精神障碍患者。这种依恋类型的婴幼儿和抑郁的抚养者之间更容易出现儿童虐待行为。

（五）建立良好亲子依恋关系的策略

首先，注意“母性敏感期”的母子接触。有研究认为，最佳依恋的发展需要在“母性敏感期”让孩子与母亲充分接触。研究者把正常医院条件下的母子接触和理想条件下的接触做比较。医院的标准做法是：出生时让妈妈看一下孩子，之后孩子再在妈妈身边稍留一会儿，然后每隔 4 小时喂奶一次。理想条件下的做法是：出生后 3 小时起便有定时的母子接触，在开始 3 天里，每天另有 5 小时让妈妈搂抱孩子。结果发现，理想条件下的孩子与妈妈接触更密切，面对面注视的次数更多，而且后期的依恋关系也更好。

其次，尽量避免父母与孩子的长期分离。研究表明，孩子与父母的长期分离会造成孩子的“分离焦虑”，从而影响孩子正常的心理发展，特别是 6 到 8 个月时的分离，会造成严重的影响，因为这个时期是孩子与他人建立情感联系的关键时期。

再次，父母对孩子发出的信号要做出及时恰当的反应，要与孩子保持经常的身体接触。

最后，父母对不同气质类型的婴幼儿要采用不同的教育方法，要认识到每种气质类型的婴幼儿都有其优点，从而因势利导。

知识链接

“陌生情境”实验

美国心理学家安斯沃斯（Ainsworth，1973）设计了一项被称为“陌生情境”的实验，以观察儿童和母亲间的依恋关系，该实验选择了 2 岁以下的婴幼儿。在这个过程中，儿童在一间房间里进行 20 分钟的游戏，并使照看者及陌生人进出房间，从而再现出大多数儿童在生活中会遇到的熟人、陌生人情境变换。在不同的情境下，儿童的心理压力会发生变化，从而做出不同的反应。在实验中，儿童体验到以下情境：(1) 与母亲一起留在游戏室中。(2) 陌生人进来，加入他们之中。(3) 母亲离开，留下孩子与陌生人在房间中。(4) 母亲回来，陌生人离开，母亲和孩子在一起。(5) 母亲离开，留下孩子单独待在房间。(6) 陌生人返回房间，与孩子一起留在房间。(7) 母亲返回，与孩子重聚。研究者主要观察儿童行为的两个方面：儿童从事的探索行为（玩新玩具）的总量；儿童对母亲行为的反应。实验中发现，不同儿童面对陌生情境的反应有明显的差异。

资料来源：周念丽 . 0～3 岁儿童心理发展［M］. 上海：复旦大学出版社，2017.

二、婴幼儿同伴关系的发展

（一）同伴关系的含义

同伴关系是指年龄相同或相近的儿童之间的一种共同活动并相互协作的关系，或者同龄人之间或心理发展水平相当的个体间在交往过程中建立和发展起来的一种人际关系。

有研究表明，玩伴偏好早在学步期或者之前就会出现，到3岁左右，超过一半的幼儿至少有一个稳定的玩伴。

（二）婴幼儿同伴关系的发生和发展阶段

同伴之间的交往，最早可以在6个月的婴儿身上看到，这时的婴儿可以相互触摸和观望，甚至以哭泣来对其他婴儿的哭泣做出反应。6个月以后，婴儿之间交往的社会性逐渐加强。有研究表明，12个月的婴儿就开始对曾见过2～3次面的其他婴儿表现出更多的触摸。14～18个月，两个或更多幼儿可以在一起玩玩具，但更多的时候是各玩各的，出现“平行游戏”。19～24个月的幼儿开始一起玩游戏，表现出初步的相互交往能力。到3～4岁时，幼儿喜欢跟同龄人玩耍，在玩耍时也会表现出合作和同步。有研究者对2岁以内婴幼儿的同伴交往行为进行研究，将其分成了三个发展阶段。

1. 物体中心阶段（0～12个月）

这时婴儿虽有相互作用，但大部分注意都指向玩具或物体，而不是同伴本身。虽然在6个月之前，婴儿之间会互相触摸，但也只是将对方当作物体或者玩具来对待，不是真正的社会性的交往；1岁时，婴儿能够表现出更多的社交行为，但往往是单方面发起的，不能主动追寻或期待从同伴那里得到相应的社会性回应。

2. 简单的相互作用阶段（12～18个月）

幼儿能对同伴的行为做出反应，并常常试图支配其他幼儿的行为。例如，一个孩子坐在地上，另一个孩子转过来看他，挥挥手说了声“哒”，并继续看那个孩子。这样重复了3次，直到那个孩子笑了。以后每说一声“哒”，那个孩子就笑一次，一直重复了12次。这个孩子的重复动作就是一种指向其他幼儿的社会交往行为。

3. 互补的相互作用阶段（18个月之后）

这一阶段，幼儿出现了一些更复杂的社会性互动行为，对他人的模仿更为常见，出现了互动的或互补的角色关系，如“追赶者”和“逃跑者”，“躲藏者”和“寻找者”，“给予者”和“接受者”。在这一阶段，当积极性的社会交往发生时，常伴有微笑出声或其他恰当的积极性表情。婴幼儿早期的社会交往通常都是积极的，后来会出现具有攻击性、冲突性的同伴交往，如打架、揪头发、推人等行为。

（三）同伴的作用

儿童社会性发展过程的一个重要任务是对社会游戏规则的学习，同伴从不同于家庭的角度为儿童提供关于这些规则的信息，并对儿童在游戏中的表现做出评价。同伴在儿童社会性发展过程中所起到的作用可以从以下几个方面来看。

1. 强化者

随着儿童的成长，同伴作为强化者和榜样的重要性越来越突出。许多研究都指出，训练幼儿只注意同伴的某些行为（如援助、合作）而忽视其他行为（如粗野、攻击），能够引起显著的行为变化。这是因为在社会互动中儿童对他人的反应常发挥着强化物的作用，矫正着他人的行为。因此，同伴强化是影响儿童行为的有效途径。

2. 榜样

儿童通过观察同伴的行为获得大量的知识，习得各种不同的反应方式。他们倾向于模仿群体中的支配性人物，而这些人往往具有很好的社会技能，儿童能通过模仿学到新的社会技能。儿童成为榜样能够提高儿童的自我控制能力，而成为自我控制榜样的儿童随后会表现出更强的抵制诱惑的能力，并且，大多数儿童喜欢被模仿。

3. 社会比较的参照

儿童进行比较时更多是以同伴群体作为对象的，儿童的自我形象和自我接受与他们被同伴接受的程度密切相关。同伴对于儿童的态度、行为、自我概念等起到塑造的作用，这种社会性比较的过程是儿童自我形象和自尊心发展的重要基础。

（四）婴幼儿同伴关系的影响因素

1. 早期亲子交往经验

早期亲子交往的状况会影响到婴幼儿自身的安全感、对同伴的信任感、与人交往的方式、表达情感的方式等，这些无疑会影响到其与同伴的交往。

2. 婴幼儿自身不可控的特征

婴幼儿的外表、姓名、年龄、性别等这些自身无法随意改变的因素都会影响同伴对婴幼儿的接纳状况。一般来说，学前儿童对不熟悉的或陌生的名字倾向于做出消极反应，他们倾向于选择与自己同年龄、同性别的儿童做朋友。而对于年幼儿童来说，外表往往成为影响同伴交往的一个明显因素。

3. 社交技能与性格特点

婴幼儿与同伴交往中的社交技能是影响同伴接纳程度的重要因素。研究发现，影响婴幼儿同伴交往的主要性格特点有是否友好、帮助、分享、合作、谦让，以及性子急慢、脾气大小、活泼程度、爱说话程度、胆子大小等。

（五）同伴关系中婴幼儿的类型

在婴幼儿的同伴交往中，有的孩子受同伴欢迎，有的则较普通。他们在生理特征、行为特征、能力特征、性格和情绪情感特征、交往主动性与水平特征和体验特征等方面有所不同。

1. 受欢迎型婴幼儿

长相好、爱干净；行为表现积极友好、消极行为很少；能力强；性格外向、活泼开朗、情绪愉快；喜欢并善于交往，交往中积极主动性强；对自己的社交地位能正确评价，对没有同伴与自己一起玩感到难过。

2. 被忽视型婴幼儿

体质弱、力气小、能力较差；积极行为与消极行为均较少；性格内向、慢性、好静、不太活泼、胆小，不爱说话；在交往中缺乏积极主动性，且不善交往；孤独感较重，对没有同伴与自己玩感到比较难过与不安。

3. 被拒绝型婴幼儿

体质强、力气大；能力较强、聪明；会玩儿、性格外向、脾气急躁、容易冲动、过于活泼好动、喜欢交往；在交往中积极主动但又很不善于交往；对自己的社交地位缺乏正确评价，往往估计过高，对没有同伴与自己一起玩不太在乎。

4. 一般型婴幼儿

在上述各方面均属中等情况，长相、体质、力气一般；能力中等；性格、情绪、行为表现一般；交往主动性、交往水平中等；对自己的社交地位能做较准确的评价，没有同伴一起玩时不难过者稍多。

（六）婴幼儿同伴关系的培养策略

1. 家长应更新观念，言行一致

家长要正视婴幼儿的同伴关系，认识到同伴关系对婴幼儿成长的重要性，尽可能地帮助婴幼儿创造同伴交往的机会，鼓励他们多与同伴交往，多欣赏同伴，与同伴分享游戏中的乐趣，有错误敢于承认，尽可能原谅别人等。对婴幼儿之间产生的矛盾，家长不必直接介入，应启发婴幼儿自己动脑解决。家长在人际交往中也要注意热情待人，乐于助人，同情他人，尊重他人，民主地、宽容地处理好人际关系，为婴幼儿做出示范。切忌对婴幼儿的教育是一套，而对待他人是另一套。

2. 培养良好的交友品质

良好的品行不仅是婴幼儿成长发展的重要方面，在建立良好同伴关系的过程中也是至关重要的因素，可以说是婴幼儿建立良好同伴关系的基石。成人要注重对婴幼儿品德的培养，教育婴幼儿宽容待人，善于与他人分担忧愁和分享快乐。同时教会婴幼儿与人相处的策略，学会一定的交往技巧，如恰当地赞赏他人、灵活地处理矛盾等。

3. 对社交困难的婴幼儿的交往进行引导

对于那些交友困难的婴幼儿，成人要采取策略使他们逐渐被同伴接受。可以帮助他们了解受欢迎婴幼儿的性格特点及自身存在的问题，帮助他们学习与他人友好相处。同时，引导其他婴幼儿发现这些婴幼儿的长处，对这些婴幼儿及时鼓励和表扬，提高他们在同伴心目中的地位，通过有效的教育活动达到促进婴幼儿交往、改善同伴关系的目的。

知识链接

玩玩具

小小 15 个月了，正在和 5 岁的姐姐一起玩积木。小小本来只是将积木一根根随意地铺在地上，铺到一半时，她看到姐姐正拿着长方体积木垒高，便停下了手中的动作，也找来了一根长方体积木，放平后又拿来一根想要垒在这一根的上面，但是尝试几次都失败了。姐姐看到后，拿过小小手中的积木，将其搭了上去，并朝着小小笑了一下，小小也笑了。

分析：在这个案例中，小小与姐姐进行的是平行游戏，观察到姐姐在垒高，她便模仿姐姐的行为，这种交往形式是 13～18 个月幼儿的典型特点。虽然小小没有主动地与姐姐进行动作或语言的交往，但在接收到姐姐的情绪后，她能够用笑来回应，也展现出这个阶段的幼儿逐渐萌发的交往能力。

资料来源：刘婷．0～3 岁婴幼儿心理发展与教育［M］．上海：华东师范大学出版社，2021.

第三节　婴幼儿社会行为的发展

一、婴幼儿亲社会行为的发展

（一）亲社会行为的含义

亲社会行为又叫利社会行为，是指符合社会希望并对行为者本身无明显好处，而行为者却自觉自愿给行为的受体带来利益的一类行为。一般亲社会行为可以分为利他行为和助人行为。这里的亲社会行为是指一个人帮助或打算帮助他人或群体的行为及倾向，具体包括分享、合作、谦让、援助等。

（二）婴幼儿亲社会行为的发展

3 岁以下的婴幼儿亲社会行为处于萌芽阶段。

有研究表明，1 岁以后，儿童的亲社会行为开始萌芽。扎-瓦克斯勒（Carolm Zahn-Waxler）对 24 个 1～2 岁的幼儿观察了 9 个月，发现了几百次亲社会行为。他发现，1 岁前的幼儿对别人的痛苦没有什么反应，逐渐地，他们对别人的痛苦表现很关注，有时用手指向对方，作出积极的反应，这种反应在这段时间发展很快。18 个月以及更大些的幼儿，当看到别人的痛苦时，平均有三分之一表现出亲社会行为。请幼儿母亲进行观察记录，亲社会行为的发生率也差不多。许多 18～24 个月的幼儿，想安慰别人时，会做出轻轻拍对方、拥抱对方或给对方玩具的行为动作，或者用迂回的方法设法安慰别人，他们会说一些表示同情的话，提出一些解决问题的办法，还会为别人鼓劲儿、加油，当一个办法无效时，还会再换个办法。

还有研究者对 15～18 个月幼儿的分享行为进行观察，发现幼儿的分享行为表现为：把自己的玩具给人看，或送给别人，或拿出玩具参加他人活动。观察结果表明，表现出全部三种分享行为的在 12 名较小幼儿中有 1 人，在 12 名较大幼儿中有 7 人。

2 岁之前，幼儿区分自我和他人的认知能力比较差，还不能很好地区分自我和他人的维度；2～3 岁幼儿开始真正地显露对和其他幼儿一起玩耍的兴趣。幼儿开始理解其他人的感受与自己不同，当看到其他幼儿或成人受伤或悲伤时，幼儿会根据自己的经验去安慰处于困境中的人们。幼儿的亲社会行为太多表现出顺从，极少的亲社会行为是自发的。亲社会行为的产生也与周围环境有关系，例如他人的态度、旁观者的存在、大众传播工具、行为对象本身的一些局限性、行为对行为者本身的意义和代价等环境因素对亲社会行为的发生都起着十分重要的影响。

（三）促进婴幼儿亲社会行为发展的策略

1. 提供亲社会行为的榜样

父母的教养方式影响着婴幼儿亲社会行为的发展。采用民主型教养方式的父母多采用较为温和的、非强制性的说理方式来教育婴幼儿，婴幼儿也从父母的教育、教养行为中习得同样的方式来对待他人。同时，家长应注意在日常生活中规范自己的行为，注意与周围的人和睦相处、积极合作，并热心为他人排忧解难等，优化婴幼儿的生活环境，让婴幼儿从中找到学习、模仿的良好榜样。

2. 移情训练

移情训练是指引导婴幼儿体验在某些情境下他人的心理感受，以使其在现实生活中遇到类似情况时能做出恰当的反应。利用移情的方法来教育婴幼儿，培养其内在的自我调节能力，比一味地限制、要求等外部约束要有效得多。婴幼儿遇到类似情境时，在做出消极行为前，会回忆起以往的体验，脑海中浮现出他人痛苦的表情，于是便会抑制自己的消极行为，而做出互助、分享等积极行为。

3. 表扬和奖励

婴幼儿亲社会行为无论是自觉的还是不自觉的，都需要得到群体的认可。因此，精神奖励对巩固婴幼儿的亲社会行为具有不可低估的作用。婴幼儿一旦出现了亲社会行为，家长要及时强化，如表扬、奖励等，使婴幼儿获得积极的反馈，达到逐渐巩固此种行为的目的。同时，习得的亲社会行为也可能会消退，恰当地运用表扬、奖励，能有效地促进婴幼儿亲社会行为的发展，并在一定程度上抑制婴幼儿的攻击性行为。

知识链接

幼儿如何表达自己?

很多人认为一两岁的孩子都是“熊孩子”，非常霸道、不讲理，想要什么就要得到什么，经常会任性哭闹。很多妈妈都感到头疼：“宝宝是不是有问题，怎么会爱打人？怎么只跟自己玩，一点也不合群？怎么会这么自我？”带宝宝出去玩时，经常会发生这样的情景：宝宝的周围有一群小朋友，但他好像并不愿意跟别人互动，看到别的小朋友手里拿着自己喜欢的玩具时，甚至伸手就去抢，一点也不客气。这个阶段的宝宝最经常说的一句话就是：“我的。”有些宝宝因为经常见不到爸爸，只喜欢跟妈妈亲近，即使周末爸爸带宝宝出去玩得很开心，第二天却还是不愿意与爸爸亲近，让爸爸走开。爸爸会因此感到失落，觉得宝宝不喜欢自己。

分析：这种“不讲理”并非幼儿的本意，宝宝只是不懂得如何表达自己，理所应当地认为所有的东西都应该是自己的，而难以顾及别人的感受。19～24 个月的幼儿仍处于“自我中心化”时期，分享的行为还处于萌芽阶段，如果是自己喜欢的物品，幼儿并不会因为成人的言语提示而轻易地将其给别人，甚至还会因此而产生一系列的攻击性行为来维护自己的物品。幼儿对新环境的适应能力较差，愿意和熟悉的人互动，对于不熟悉的同伴，会无意识地根据外在特征的判断产生趋避行为。

资料来源：刘婷. 0～3 岁婴幼儿心理发展与教育［M］. 上海：华东师范大学出版社，2021.

二、婴幼儿攻击性行为的发展

（一）攻击性行为的含义

攻击性行为是指个体敌意性地伤害别人或破坏物体的行为。它主要表现在两个方面：一是身体侵犯，即利用身体的一些部位或武器攻击他人；二是言语攻击，如通过讥笑、讽刺、诽谤、谩骂等方式对他人进行欺侮。婴幼儿的攻击性行为容易造成人际冲突，不利于形成良好的人际关系，会阻碍其个性和社会化的顺利发展。

攻击性行为是婴幼儿身上常见的一种比较典型的侵犯行为，是外部可见的有意伤害他人的行为，具体来说，婴幼儿攻击性行为主要包括：踢、打、咬、用力推搡以及用物体或工具等有意伤害他人的身体动作；谩骂、侮辱、贬低等有意伤害他人的言语行为。

（二）婴幼儿攻击性行为发展的特点

每一位婴幼儿都或多或少地表现出攻击性行为，但攻击性行为的形式和频率在婴幼儿期会有较大的变化，2～3 岁的幼儿在沮丧和挫败的时候，更有可能拿东西互相砸或者打斗。

1. 攻击性行为的起因

婴幼儿产生攻击性行为的原因主要是对物品和空间的争夺。这种攻击行为也称为工具性攻击行为。在我国，除了对物品和空间的争夺外，儿童在受到他人的干扰、伤害或目标受阻后对对方进行报复、还击已经成为儿童攻击性行为的第二大原因。

2. 攻击性行为的方式

年龄小的婴幼儿比年龄大的婴幼儿更多采用身体攻击；随着语言能力的提高，幼儿从明显的身体攻击转变为更多地使用语言进行攻击，例如嘲弄和辱骂。

3. 攻击性行为的动机

年龄小的婴幼儿工具性攻击多于敌意性攻击。例如，幼儿之间因抢夺玩具而发生攻击性行为。随着年龄的增长，敌意性攻击所占的比率逐渐超过工具性攻击。

4. 攻击性行为存在显著的性别差异

在每个年龄段，男孩相对于女孩都更容易卷入攻击事件，身体攻击行为也更多。这种差异早在 2 岁多的时候就会表现出来，男孩普遍使用直接的身体攻击，而女孩则普遍使用间接的攻击，但是在言语攻击上男女无显著差异。随着年龄的增长，儿童逐渐从直接进行身体攻击转向使用多种攻击方式。

（三）婴幼儿攻击性行为的应对策略

1. 为婴幼儿提供一个良好的家庭环境

一个和谐、稳定的家庭对婴幼儿的成长至关重要，这种家庭环境的创设关键在于父母。首先，父母之间要互敬互爱，不要为一点小事而发生激烈的冲突，尤其是面对婴幼儿时，即使有矛盾，也不要互相攻击、指责。其次，父母要采取合理的教养方式，对婴幼儿既不能实行高压控制，也不能纵容、溺爱，父母一定要先爱和尊重婴幼儿，然后再去严格要求他们。尤其是当婴幼儿受到别的孩子欺负时，家长不要向孩子灌输“以牙还牙”的报复思想，比如有的家长会对受了欺负的婴幼儿说“他打你，你也打他”，这种教育方式会使婴幼儿认为报复性地攻击别人是合理的，这对孩子来说有百害而无一利。

2. 托育人员要关心婴幼儿并创设温暖的集体

托育人员要真诚地去爱每一个婴幼儿，不能因为有些孩子调皮就把他们当作“差孩子”，动辄批评、呵斥，否则这些孩子会因得不到老师的爱而孤独、自卑，从而对周围的人或环境感到不满，随之产生一些不良行为，如攻击性行为。托育人员要关心、尊重每一个婴幼儿，并合理评价每一个婴幼儿。

3. 对婴幼儿的攻击性行为要恰当地进行惩罚

当婴幼儿出现攻击行为时，如果成人不制止和批评，就会强化婴幼儿的攻击行为，所以有必要对婴幼儿的攻击行为实施惩罚。这种惩罚必须在说理的基础上进行，要让婴幼儿明白为什么要惩罚他，惩罚不能使用暴力手段，如打、骂，教师和家长可以采用“冷处理”的方式，即在一段时间里，不去理睬婴幼儿，故意冷落他，给他一个自我反省的机会。这种冷处理会让婴幼儿暂时冷静下来，慢慢意识到自己的错误。在使用冷处理方法后，家长和老师们须让婴幼儿明白为什么要“晾”他们，错在哪里，同时要防止婴幼儿产生觉得自己好像没错、觉得委屈、觉得父母或老师不爱自己等心理，这种方法需要恰当而谨慎使用。

4. 鼓励和培养婴幼儿的亲社会行为

在日常生活中，当婴幼儿做出合作、分享等亲社会行为时，成人要及时表扬和鼓励，培养其利他行为，这样可以使婴幼儿在面对一个有可能引起攻击性行为的环境，如缺少玩具、游戏场地狭小时自觉做出一些利他行为，从而避免攻击性行为的发生。许多研究的实践已证明，培养婴幼儿的亲社会行为，可以有效减少其攻击性行为的发生。

5. 培养婴幼儿的移情能力

移情是对他人状态的一种替代性的情感体验和反应，是一种重复的社会性情感能力。当被攻击者有痛苦表现时，婴幼儿相对于年长儿童和成人来说，更难停止他们的攻击性行为，这是因为婴幼儿还缺乏移情能力。在攻击别人时，他们不能体会到他人所遭受的痛苦，也不会产生羞愧和内疚感。所以，成人可以通过培养婴幼儿的移情能力来减少其攻击性行为。

6. 为婴幼儿提供解决冲突的榜样

当婴幼儿面临冲突时，因缺乏解决冲突的恰当策略而很难自己缓解，成人可以训练婴幼儿利用亲社会行为如分享、合作等来自己解决冲突，也可以通过劝解来消除婴幼儿之间的冲突。当婴幼儿在冲突情境中自觉地利用亲社会行为解决了冲突时，成人一定要及时加以表扬，强化这一行为。一方面，能使婴幼儿以后继续采用这种方式解决冲突，减少攻击性行为；另一方面，又为其他婴幼儿树立了解决冲突的榜样，当其他婴幼儿在面临类似情境时，能按成人认可的榜样行为来解决冲突，榜样的力量是无穷的，榜样训练法可以有效地减少婴幼儿的攻击性行为。

综上所述，婴幼儿的攻击性行为是其身上较常见的一种不良行为，它会对婴幼儿健康发展产生不利的影响，家长和托育人员对此一定要加以重视，及时采取有效的措施防止婴幼儿出现攻击性行为，努力消除导致婴幼儿做出攻击性行为的各种因素，为婴幼儿一生的健康发展打下良好的基础。

本章小结

本章主要介绍了婴幼儿社会性发展的意义、内容；重点介绍了依恋的含义、主要表现、发展阶段、类型及建立良好亲子依恋关系的策略，以及同伴关系的含义、同伴关系的发生发展阶段、同伴的作用、同伴关系的影响因素和培养策略；在婴幼儿社会行为的发展方面着重介绍了婴幼儿亲社会行为及攻击性行为的相关理论及应对策略。

思考与练习

一、单项选择题

1. 在角色游戏中，教师观察婴幼儿能否主动协商处理同伴关系，主要考察的是（　　）。

A. 婴幼儿的情绪表达能力　　　　B. 婴幼儿的社会交往能力

C. 婴幼儿的规则意识　　D. 婴幼儿的思维发展水平

2. 在陌生环境实验中，妈妈在婴儿身边时，婴儿一般能安心玩耍，对陌生人的反应也比较积极，说明婴儿对妈妈的依恋属于（　　）。

A. 回避型　　B. 无依恋型　　C. 安全型　　D. 反抗型

3. 婴幼儿社会教育的核心在于发展婴幼儿的（　　）。

A. 人际关系　　B. 社会性行为规范

C. 社会性　　D. 社会文化

4. 婴幼儿亲社会行为发生频率最高的是（　　）。

A. 合作行为　　B. 分享行为

C. 明显的个别差异　　D. 回避

二、多项选择题

1. 婴幼儿的社会性发展的意义包括（　　）。

A. 社会性发展能影响婴幼儿的身心健康

B. 社会性发展是婴幼儿的社会交往和情感的需要

C. 社会性发展是婴幼儿兴趣认知的需要

D. 社会性发展有利于婴幼儿人格的全面发展

2. 婴幼儿依恋发展的阶段包括（　　）。

A. 无差别的社会反应阶段　　B. 有差别的社会反应阶段

C. 特殊情感联结阶段　　D. 目标修正关系阶段

3. 同伴在婴幼儿社会性发展过程中所起到的作用可以从以下几个方面来看：（　　）。

A. 强化者　　B. 榜样

C. 社会比较的参照　　D. 依恋类型

4. 同伴关系中婴幼儿的类型包括（　　）。

A. 受欢迎型婴幼儿　　B. 被忽视型婴幼儿

C. 被拒绝型婴幼儿　　D. 一般型婴幼儿

三、简单题

1. 简述如何培养婴幼儿的亲社会行为。

2. 简述婴幼儿攻击性行为的应对策略。

四、案例分析题

小敏的妈妈最近有点烦恼。她说：“小敏出生后，我白天要工作，就将小敏寄放在奶奶家，晚上接回自己家。我对小敏的照顾可以说是无微不至。现在小敏 1 岁了，只要奶奶和她在一起，就不要我。比如，周末奶奶来家里看她时，她就会一直牵着奶奶的手，奶奶到哪儿她就到哪儿，不跟我亲近，这一点一直让我很困惑。”

结合所学知识，分析小敏“只要奶奶和她在一起，就不要妈妈”的原因，并谈一谈家长及托育人员应该如何加以引导。

参考文献

[1] 周念丽．0～3岁儿童心理发展[M]．上海：复旦大学出版社，2017.

[2] 刘军．学前儿童发展心理学[M]．2版．南京：南京师范大学出版社，2020.

[3] 陈帼眉．幼儿心理学[M]．2版．北京：北京师范大学出版社，2017.

[4] 彭聃龄．普通心理学[M]．5版．北京：北京师范大学出版社，2019.

[5] 李红，何磊．儿童早期的动作发展对认知发展的作用[J]．心理科学进展，2003(3).

[6] 刘金花．儿童发展心理学[M]．3版．上海：华东师范大学出版社，2013.

[7] 文颐．婴儿心理与教育：0～3岁[M]．2版．北京：北京师范大学出版社，2020.

[8] 张文军．学前儿童发展心理学[M]．2版．长春：东北师范大学出版社，2017.

[9] 张永红，曹映红．学前儿童发展心理学[M]．3版．北京：高等教育出版社，2019.

[10] 刘婷．0～3岁婴幼儿心理发展与教育[M]．上海：华东师范大学出版社，2021.

[11] 张楠．婴幼儿感觉统合教育实操教程[M]．上海：复旦大学出版社，2020.

[12] 朱曼殊．儿童语言发展研究[M]．上海：华东师范大学出版社，1986.

[13] 陈帼眉．学前心理学[M]．北京：北京师范大学出版社，2015.

[14] 谢弗．发展心理学：儿童与青少年[M]．北京：中国轻工业出版社，2005.

[15] 桑标．儿童发展心理学[M]．北京：高等教育出版社，2009.

[16] 祝士媛．学前儿童语言教育[M]．3版．北京：北京师范大学出版社，2019.

[17] 罗伯特·S费尔德曼．发展心理学[M]．苏彦捷，等译．北京：机械工业出版社，2011.

[18] 陈帼眉，冯晓霞，庞丽娟．学前儿童发展心理学[M]．北京：北京师范大学出版社，2013.

[19] 沈雪梅．0～3岁婴幼儿心理发展[M]．北京：北京师范大学出版社，2019.

[20] 李营．0～3岁婴幼儿认知与语言发展及教育[M]．北京：北京师范大学出版社，2020.

［21］王艳霞，KIM Ha-kyung，过月，等．刺激频率与词汇类型对不同语言能力儿童新异词汇理解的影响［J］．学前教育研究，2018（2）．

［22］钟毅平．心理学［M］．长沙：湖南教育出版社，2005．

［23］付素杰，等．学前心理学［M］．长沙：湖南师范大学出版社，2021．

［24］李林，武丽杰．人体发育学［M］．3版．北京：人民卫生出版社，2018．

［25］李燕，赵燕．幼儿发展基础［M］．北京：中国人民大学出版社，2020．

［26］孟昭兰．人类情绪．上海：上海人民出版社，1989．

［27］陈栊，朱丽．婴儿面孔偏好理论模型述评［J］．心理科学进展，2006（4）．

［28］李晓东．发展心理学［M］．北京：北京大学出版社，2016．